Giancarlo Russo

Loyalty Programs & Sales Forecast

Indice

ANALISI MODERNA DELLE SERIE STORICHE

PREVISIONE DELLA DOMANDA PER ANALOGIA

A Clara

Introduzione

In un contesto di mercato fortemente competitivo, la sfida che gli operatori marketing devono porsi riguarda la creazione, lo sviluppo ed il mantenimento delle relazioni con il cliente. Il *relationship marketing* rappresenta l'approccio atto a superare l'impostazione tradizionale, caratterizzata da un modello di scambio unidirezionale, ove solo il venditore costituisce parte attiva nel processo di transazione. Il ricorso alle consuete leve del *marketing mix* comporta una limitazione nella ricerca dei vantaggi competitivi di lungo termine mentre l'obiettivo della strategia relazionale è proprio la creazione di valore competitivo e l'incremento della profittabilità di impresa attraverso la conoscenza del cliente, il perseguimento della sua soddisfazione e, di conseguenza, la sua fidelizzazione di lungo periodo (Cedrola, 2006). In tale contesto il *loyalty marketing* si configura come un processo manageriale di identificazione, mantenimento e crescita della quota di spesa dei migliori clienti, attraverso la gestione di una relazione, tipicamente sostenuta dei programmi fedeltà (Woolf, 2002). Il programma di fidelizzazione rappresenta lo strumento indispensabile al fine di sostenere ed accrescere la relazione con il cliente e la *fidelity card* rappresenta lo strumento più diffuso di gestione della relazione, che incentiva ad instaurare un rapporto di fedeltà con l'insegna prediligendola per i propri acquisti. Secondo Nielsen (2011) in Italia la percentuale della popolazione che effettua acquisti in supermercati ed ipermercati e che utilizza abitualmente una *card* ha raggiunto il 90 per cento. In Nord America e in Europa si sono sviluppati programmi di fidelizzazione che interessano milioni di clienti possessori di *loyalty card*. Solo negli Stati Uniti il numero di programmi di fidelizzazione a cui risulta iscritta la famiglia media americana è pari a 18 (Colloquy,

2011). L'imponente ricorso al *loyalty marketing* ha contribuito alla nascita di società specializzate che si occupano della gestione di programmi fedeltà su ampia scala (come ad esempio LMUK e Air Miles), allo sviluppo di *partnership* tra operatori di settori diversi, all'utilizzo di sistemi di CRM nonché all'adozione di centri servizi e *call center* al fine di supportare gli iscritti ai programmi. Vista quindi la complessità organizzativa e gestionale dei programmi di fidelizzazione, occorre un'attenta pianificazione delle attività connesse all'implementazione degli stessi. Le notevoli dimensioni assunte implicano una accurata definizione dei piani operativi di approvvigionamento e distribuzione dei premi e quindi un'attendibile stima delle richieste. Previsioni errate comportano l'inefficiente utilizzo delle risorse logistico-produttive interne ed esterne, determinano rotture di stock e danneggiano il livello di servizio offerto al cliente. Il testo descrive metodi e modelli matematici di *sales forecasting*: dai più noti metodi di decomposizione della serie storica, legati all'analisi classica, ai modelli di regressione lineare e previsione di Holt-Winters; dai modelli di natura stocastica, ad un modello di stima della domanda dei premi del programma fedeltà basato su analogia e contraddistinto da prodotti a ciclo di vita breve.

Nascita ed evoluzione delle promozioni fedeltà

1.1 Origini delle raccolte punti

Le raccolte punti hanno origine in Europa e Stati Uniti nella seconda metà dell'ottocento. Spetta ad un'azienda produttrice di sapone, la Babbitt Company, l'invenzione della prova d'acquisto cartacea. Nel 1851 la Babbitt Company, lancia la moda del collezionamento delle prove di avvenuto acquisto: all'interno delle proprie confezioni di sapone da bucato inseriva dei buoni che una volta accumulati davano diritto ad un premio (25 buoni consentivano di avere in regalo una litografia a colori). Il primo catalogo fa la sua comparsa nel 1872: la Grand Union Tea Company consentiva la scelta tra diversi premi (dalle bretelle allo spazzolino da denti, da un orologio al busto per donna) a chi avesse raccolto i cartoncini ricevuti all'atto dell'acquisto. I primi bollini, o *trading stamps*, arrivano invece nel 1891 quando un grande magazzino di MilWaukee, cittadina dello stato di Wisconsin, propone alla propria clientela un bollino per ogni 10 centesimi di spesa, da incollare su libretti appositi da riportare poi in negozio per avere in omaggio prodotti dell'assortimento. I bollini, però, non ebbero mai vita facile: sin dall'inizio, associazioni di categoria, aziende e politici si opposero sostenendo che tali iniziative contribuivano solo ad accrescere i costi delle aziende che a loro volta li riversavano sui prezzi inducendo i consumatori a spendere di più per ricevere in cambio molto poco. In diversi stati americani furono addirittura promossi disegni di legge volti ad abolirli o tassarli. Il boom avviene solo nel secondo dopoguerra, con una vera e propria guerra dei bollini tra catene di supermercati che offrivano a consumatori punti doppi, tripli o quadrupli, dapprima solo in certi giorni prefissati, poi sempre. Il fenomeno si estese a nuovi settori: cominciarono a distribuire punti anche lavanderie, *drugstores*, benzine, ferramenta, cinema e piccoli commercianti. Fù vano il tentativo di alcune catene di contrastare suddette iniziative con la riduzione dei prezzi, anzi, furono condannate dall'Antitrust per vendita sottocosto. Dalla metà del decennio seguirono una serie di normative atte a regolamentare il fenomeno: in Kansas i bollini divengono illegali, lo stato di Washington li tassa pesantemente mentre in North Dakota i cittadini pretesero un referendum allo scopo di abolire una norma antibollini entrata in vigore. Nessuna delle tante iniziative di contrasto, però, riuscì a far cessare la "febbre" bollino. A metà degli anni Sessanta, l' 83 per cento delle famiglie americane raccoglie punti. La vera novità arriva negli anni 80 quando, grazie alle carte fedeltà, i bollini cartacei lasciano il posto alla raccolta elettronica.

1.2 Nascita delle promozioni fedeltà in Italia

Nel nostro paese, la storia delle raccolte punti ha inizio con le figurine illustrate: è il lontano 1872 quando vengono emesse le prime serie di figurine da parte del barone Justus Von Liebig che le scelse per promuovere il suo estratto di carne, dapprima fornendole in omaggio alla propria clientela e successivamente istituendo una vera e propria raccolta punti. La storia delle figurine Liebig nasce da una moda diffusa in Francia attorno alla metà del XIX secolo di sponsorizzare i prodotti omaggiando la clientela con figurine stampate in bianco e nero oppure a colori attraverso la tecnica litografica. Nel 1935-1937 si ha la prima grande raccolta nazionale di figurine, abbinata al programma radiofonico "I Quattro Moschettieri": il programma, offerto dall'azienda Buitoni-Perugina, rappresenta uno dei primi casi di sponsorizzazione in Italia. Il concorso a premi era basato sulla raccolta di figurine, disegnate da Angelo Bioletto, contenute nelle confezioni dei prodotti dello sponsor. Centocinquanta album completi consentivano di vincere una Topolino; tra il luglio del 1936 e il marzo del 1937 ne furono distribuite ben 200, e l'interesse venne accentuato dal fatto che alcune figurine risultavano rare o introvabili. Il concorso legato alla raccolta delle figurine divenne un fatto di costume nazionale: destò il richiamo di riviste e giornali, se ne interessò il mondo cinematografico e discografico, si aprì un mercato di compravendita e di scambio, sui giornali finirono le quotazioni dei diversi esemplari. Con l'avvento della seconda guerra mondiale, l'entusiasmo ed il clamore scatenato dalle figurine tende a scemare. Nel 1954 è la Mira Lanza ad introdurre le figurine nei propri prodotti. Esse illustravano la foto del prodotto contenitore e valevano un prefissato numero di punti (da 5 sino a 100) direttamente proporzionale alle dimensioni della confezione. Il regolamento del concorso prevedeva l'accumulo per ottenere il punteggio relativo al dono desiderato, del quale si poteva trovarne una foto sul catalogo fornito dall'azienda: nasce così il primo programma di fidelizzazione. Il boom delle raccolte punti è a partire dagli anni 60: si va dalla raccolta punti dei formaggini Prealpi al completamento della quale c'era in omaggio un piccolo casco, fino alla storica raccolta Mulino Bianco negli anni '70 e a quella di Granarolo, che è partita nel 1995 arrivando a distribuire fino a un milione di regali all'anno.

1.2.1 *Caratteristiche ed evoluzione dei programmi di fidelizzazione*

Per valutare la successiva evoluzione dello scenario della fidelizzazione della clientela in Italia, si può far riferimento ad un'indagine denominata " Le promozioni fedeltà in Italia: efficacia dei cataloghi e orientamenti strategici" , a cura dell' Osservatorio carte fedeltà dell' Università di Parma. Una prima fase dell'indagine - che si prefiggeva di approfondire aspetti legati al catalogo premi (quali contenuti e diffusione), elementi legati ai "punti" - come ad esempio meccaniche, valore ed acceleratori , aspetti organizzativi dei programmi nonché orientamenti futuri - è partita nel 2006 ed era rivolta all'ambito della Grande Distribuzione Organizzata. Nel 2007 si è estesa ad altri settori: benzine, banche, assicurazioni, grandi magazzini, profumerie, farmacie, telecomunicazioni, carte di credito, librerie e prodotti di largo consumo. Ne è emerso che l'87 per cento delle aziende intervistate offre un catalogo premi (nelle realtà della grande distribuzione organizzata intervistate, il 100 per cento fornisce una raccolta punti). Il 68 per cento presenta solo un catalogo mentre un

23 per cento lo propone in due varianti. Tale distinzione risiede, ad esempio, nel *target* a cui è destinata l'iniziativa di fidelizzazione oppure deriva dal fatto che l'impresa opera in differenti canali distributivi. La durata dei cataloghi è in genere annuale (46-52 settimane) e le durate inferiori, considerata la frequenza di spesa, sono in genere relative a cataloghi della grande distribuzione alimentare. Sempre più sovente e soprattutto nell'ambito della grande distribuzione organizzata vengono offerti dei minicataloghi, o *minicollection*: esse hanno una durata media di due mesi e vengono utilizzate nel 64 per cento delle imprese intervistate. Nel 73 per cento dei casi sono collegate alla *long-collection* e si prefiggono diversi obiettivi: in primo luogo ampliare la base dei clienti partecipanti alla *collection* e soddisfare la clientela che preferisce redimere i punti in un periodo minore, ma anche aumentare la frequenza d'acquisto, lo scontrino medio, il fatturato e differenziare il catalogo rispetto ai *competitors*.

Per quanto concerne l'offerta premiale, la tendenza verso un ricco catalogo è già evidente sin dagli anni delle prime raccolte punti: nel 1977 il catalogo Mira Lanza era costituito da 268 premi. Considerata l'analisi multisettoriale di 34 cataloghi, si registra una media di 58 premi e nel 68 per cento dei cataloghi è prevista l'opzione del contributo monetario per ottenimento del premio. Oltre il 50 per cento delle aziende prevedono la conversione dei punti in buoni spesa e sconti; tale opzione però è alle volte evitata – soprattutto in uno scenario competitivo come la grande distribuzione organizzata – in quanto significa dichiarare al consumatore il valore del punto.

Il 40 per cento dei cataloghi esaminati include aziende *partner*. La *partnership* nel mercato del *loyalty* si esprime in differenti maniere: dalla conversione punti (reciproca) verso l'iniziativa di fidelizzazione del partner, all'accumulo punti, al beneficio di particolari sconti o servizi. Il più articolato livello di cooperazione è rappresentato dal *multi-loyalty program* o *coalition program* ove diverse aziende condividono lo stesso programma fedeltà e possono intervenire nel definire *reward scheme* e meccaniche. I punti di forza di tali collaborazioni stanno nella riduzione dei costi di gestione, ripartiti tra i diversi *partner*, e nell'ottimizzazione, per effetto delle economie di scala, dei costi di acquisto dei premi nonché vantaggi per il cliente che accumula (e spende) punti in modo più agevole. Un esempio di *coalition program* è rappresentato da Nectar, alla cui ideazione e realizzazione del *brand* troviamo Loyalty Marketing UK (LMUK), società specializzata nella realizzazione di programmi di fidelizzazione e servizi di consulenza ai *retailer*. Il lancio di Nectar in Italia ha visto un considerevole impiego di media ed un significativo investimento in comunicazione, non paragonabile a nessun altro lancio di programmi fedeltà in Italia. Sono proprio i rilevanti investimenti in sponsorizzazione – stampa, radio ed affissioni, *direct mail*, *digital marketing*, materiale POP – a sostenere il posizionamento del *brand*. D'altronde, nel posizionamento risiede proprio l'elemento distintivo e in uno scenario sempre più caratterizzato da iniziative di fidelizzazione le aziende sono chiamate a differenziarsi se vogliono che l'investimento abbia un effettivo ritorno. Secondo il recente convegno "Il futuro del Micromarketing", è proprio il posizionamento distintivo a caratterizzare il nuovo scenario evolutivo. La differenziazione può risiedere in diversi approcci distintivi, dalla variazione dei sistemi premianti ai cambiamenti nel modello di programma sino ad una *loyalty* micro caratterizzata da iniziative mirate e derivanti dalla segmentazione della clientela e dal *targeting*.

1.3 Pianificazione delle attività e previsione della domanda

Sin dall'inizio le aziende hanno compreso le complessità e le problematiche di natura organizzativa e gestionale derivanti dall'implementazione di un'iniziativa di fidelizzazione. Butscher (2002) individua numerosi aspetti critici e elementi di cui tener conto nella definizione del programma:

- Attenta assegnazione degli obiettivi;
- Definizione del *target* a cui si rivolge il programma;
- Scelta del pacchetto dei benefici da erogare;
- Pianificazione economico-finanziaria del programma;
- Istituzione di un centro servizi a supporto del

programma;
* Pianificazione e gestione dei flussi informativi;
* Gestione del *database* e dei sistemi informativi;
* Istituzione in ambito aziendale dei compiti e delle responsabilità relativi ai diversi soggetti che si dovranno occupare del programma;
* Misurazione dell'efficacia ed efficienza del programma, definizione delle misure necessarie alla valutazione degli obiettivi, valutazione delle responsabilità di misurazione.

Tra gli obiettivi maggiori di un catalogo premi figurano la crescita della fedeltà del cliente (*store loyalty*), la crescita di fatturato, l'aumento della spesa di periodo, la crescita dello scontrino medio, l'aumento della frequenza di spesa, la modificazione della composizione dello scontrino attraverso lo stimolo al *category switching*, ma anche la comunicazione dei valori di insegna e di *brand*. L'identificazione del *target* è di primaria importanza in quanto incide sulla scelta dei benefici da offrire. Ciascun *target* ha le proprie peculiarità, preferenze e fattori che determinano il valore e maggiore è il *target* a cui l'iniziativa si rivolge e maggiore dovrà essere l'insieme dei benefici. L'insieme dei benefici, o *reward*, è il fondamentale elemento che determina il successo dell'iniziativa di fidelizzazione. Bisogna saper individuare le nuove tendenze, i nuovi oggetti di culto, le novità dei grandi marchi. Il risultato non deve essere un semplice catalogo ove scegliere il premio in linea alle aspettative di *budget*, bensì una selezione premiale su misura, in linea rispetto al *target* che si vuole raggiungere.

Il *budget*, in un contesto di mercato ove le aziende prestano sempre più attenzione al contenimento dei costi di marketing, assume un ruolo determinante nell'ambito dello studio di fattibilità. Secondo quanto evidenziato dall' Osservatorio carte fedeltà dell' Università di Parma, l'incidenza del costo del catalogo sul fatturato risulta pari all'1,50 per cento nel settore delle profumerie, allo 0,72 per cento nella GDO e allo 0,20 per cento nelle Farmacie. Il fatto che il catalogo premi si presenti come un'attività particolarmente onerosa è legato alle dimensioni assunte: Granarolo nel 2007 ha distribuito un milione di premi, Esso cinque milioni e anche i programmi di fidelizzazione del mondo bancario iniziano ad avere grandi numeri (dai 1000 ai 100.000 premi consegnati). Per far fronte a tali numeriche occorre un'attenta pianificazione e gestione dei flussi informativi e del *database*. L'importanza del flusso informativo nel processo di gestione dell'iniziativa di fidelizzazione non è solo ristretto all'ambito logistico (monitoraggio e gestione operativa dei premi). Dalle analisi dello storico del *customer database* e dei flussi informativi provenienti da *card*, scontrini e punti vendita deriva la segmentazione dei clienti sulla base dei comportamenti di acquisto e l'identificazione di *cluster* di clienti a maggior potenziale per influenzare le abitudini di consumo. E' possibile inoltre effettuare analisi a supporto delle attività di comunicazione:

- Identificare i clienti a rischio abbandono e prevedere mirati interventi di recupero
- Prevedere meccaniche di "animazione": punti bonus, acceleratori, concorsi, ecc.
- Pianificare attività promozionali sui canali disponibili (email, sito web, SMS, punto vendita, ecc)
- Monitoraggio del gradimento dei premi e del programma fedeltà

Sempre a partire dal patrimonio di informazioni contenute nei *loyalty database* derivano le misure di efficacia ed efficienza dell'iniziativa di fidelizzazione. Dall'indagine effettuata dall'Osservatorio carte fedeltà dell'Università di Parma, deriva che la misura maggiormente presa in considerazione per le attività di marketing relazionale è la *redemption*, che è un parametro di efficienza, mentre il ROI, indicatore che mettendo in relazione costi e ricavi esprime l'efficacia, sfugge alla misurazione di molti. Le misure più rilevanti in termini di efficacia sono risultate i tassi di *retention*/abbandono (a fronte dell'obiettivo di fidelizzazione della clientela, dichiarato dalla maggior parte degli intervistati). Come già detto, opportune analisi consentono, in tal senso, di definire azioni mirate di recupero ed intervenire significativamente al fine del raggiungimento degli obiettivi prefissati.

Generalmente è l'ufficio marketing ad occuparsi del catalogo, ma sempre più spesso ci si rivolge ad agenzie esterne che si occupano delle diverse fasi progettuali, organizzative e gestionali connesse al programma. In quest'ultimo caso, i vantaggi che ne derivano sono essenzialmente legati al trasferimento dei rischi verso l'agenzia (ad esempio l'errata previsione dei volumi relativi ai prodotti a catalogo o l'obsolescenza degli stessi), alla valutazione dei costi nonché al demando della parte *procurement* e delle attività logistiche. L'intera progettazione e gestione del catalogo a cura dell'azienda è comunque rara e riservata a grandi aziende che possono contare su una determinata struttura organizzativa in grado di far fronte anche ad attività di approvvigionamento. Strettamente connesso a quest'ultime è il processo di previsione della domanda relativa ai premi: esso assume un ruolo chiave nell'intero processo di *Sales & Operations Planning* in quanto rappresenta il principale input per la formulazione del *demand plan* e dei piani operativi di produzione e distribuzione. La formulazione di previsioni errate comporta la definizione di un piano di domanda non accurato e quindi:

- Possibilità di incorrere allo *stockout*, ovvero ad una domanda maggiore rispetto alle previsioni effettuate
- Incremento delle *safety stock* al fine di cautelarsi rispetto all'incapacità di soddisfare la domanda

Lo *stockout* comporta un ridotto livello di servizio offerto alla clientela. L'indisponibilità dei prodotti (premi) desiderati possono pregiudicare l'immagine ed impattare significativamente sulla fidelizzazione del cliente.

2.1 Serie storiche ed outliers

Si definisce serie storica una sequenza di valori per una variabile misurabile esaminata riguardo alla sua evoluzione rispetto alla variabile temporale (esempio giornaliera, settimanale o mensile). La domanda di beni o servizi può essere modellizzata come una serie storica funzione delle seguenti variabili:

- Il prodotto p, esprimibile secondo una singola referenza, una famiglia, un'aggregazione rispetto ad un prefissato attributo (esempio rispetto alle diverse declinazioni di taglie o colori)
- Il mercato m, configurabile come cliente, punto vendita, centro distributivo, zona di vendita, area geografica
- La variabile temporale t

ovvero espressa secondo la seguente notazione:

$$d_t = d(p, m, t)$$

L'analisi delle serie storiche identifica un insieme di modelli matematici e statistici rivolto allo studio e all'identificazione di caratteristiche della domanda, ovvero all'identificazione di regolarità insite nell'andamento, ai fini descrittivi o previsionali. Le metodologie di analisi descritte più avanti sono riconducibili ad approcci differenti:

- Approccio classico, basato su modelli prettamente descrittivi, ove le variabili sono deterministiche e la

componente erratica è esclusivamente accidentale
- Approccio stocastico, ove la serie storica è modellizzata tramite processi stocastici, ovvero come determinazioni di un insieme di variabili casuali

Prima della scelta del modello, occorre procedere all'analisi ed eventuale rimozione dei valori anomali, o *outlier*, ovvero di tutti quei valori che hanno bassa frequenza di accadimento e presentano caratteristiche significativamente diverse dal resto dei dati. Essi potrebbero avere influenza eccessiva sul modello volto all'interpretazione del meccanismo generatore della serie. I valori anomali sono relativi a valori di domanda particolarmente elevata, nettamente superiore al valore medio della serie oppure da quantità estremamente ridotte. Essi possono derivare ad esempio da attività promozionali o da particolari iniziative marketing, oppure da mancate vendite per effetto di indisponibilità prodotto.
L'identificazione degli *outliers* può avvenire mediante la definizione di un *range* di ammissibilità al di fuori del quale i valori di domanda sono da considerare anomali e quindi da sottoporre a controllo ed eventualmente a correzione. Ad esempio è possibile considerare un *boxplot*: gli *hinges* sono rappresentati dal primo e terzo quartile con lunghezza del *box* (*H-spread*) $H = Q_3 - Q_1$. I *whiskers* hanno un'estensione sino ai dati inclusi nell'intervallo $[Q_1 - 1,5\,H, Q_3 + 1,5\,H]$, i dati al di fuori sono da considerarsi valori anomali.

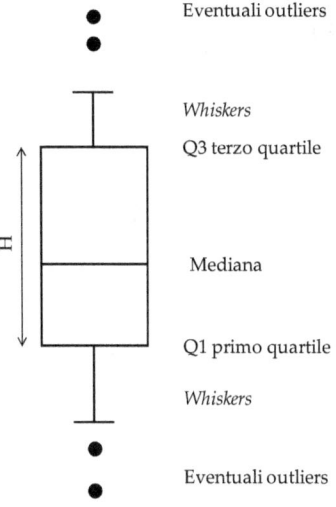

Fig.1 – Boxplot

Supponiamo ad esempio di considerare la serie di domanda in fig.2. Il valore mediano della serie è pari a 29 mentre i valori assunti dal primo e terzo quartile sono rispettivamente 25 e 31.

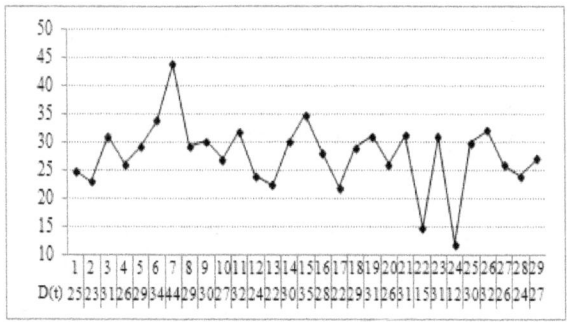

Fig.2 – Serie di domanda e valori anomali

Come rappresentato in fig. 3, il valore inferiore è il valore più piccolo che sia superiore o uguale a $Q_1 - 1,5\,H$, il valore superiore è il valore più grande che sia inferiore o uguale a $Q_3 + 1,5\,H$.

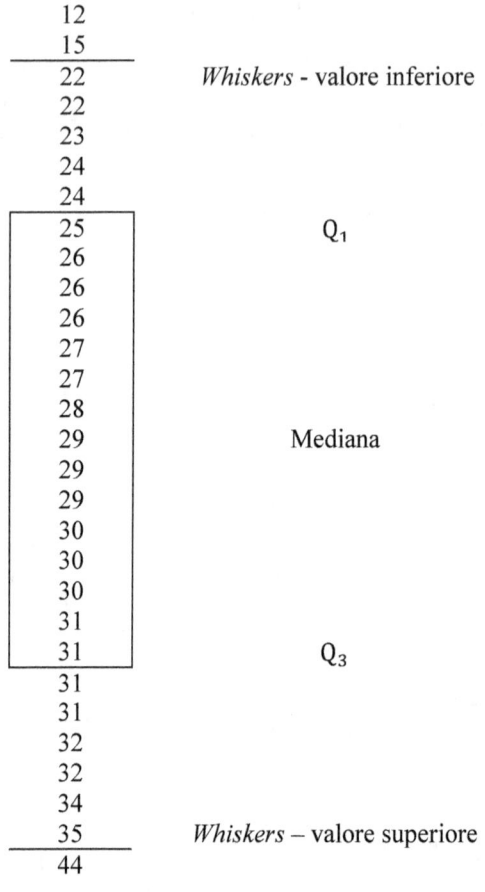

Fig.3 – Boxplot, esempio

E' possibile anche definire un range di ammissibilità sulla base della distribuzione della domanda D_t. Ipotizzata la distribuzione normale, tenendo conto che:

$$Z_t = \frac{D_t - \mu}{\sigma}$$

ha distribuzione normale standardizzata, fissato il livello di fiducia $(1 - \alpha)$ è possibile determinare l'intervallo di confidenza mediante il quale valutare eventuali *outliers*:

$$(1 - \alpha) = P_r\left(-z_{\alpha/2} < Z_t < z_{\alpha/2}\right) =$$

$$= P_r\left(\mu - \sigma \cdot z_{\alpha/2} < D_t < \mu + \sigma \cdot z_{\alpha/2}\right)$$

Considerando ad esempio un livello $\alpha = 1 - 0,95 = 0,05$, l'intervallo che consente di discriminare i valori anomali sarà:

$$[\mu - 1,96 \cdot \sigma, \mu + 1,96 \cdot \sigma]$$

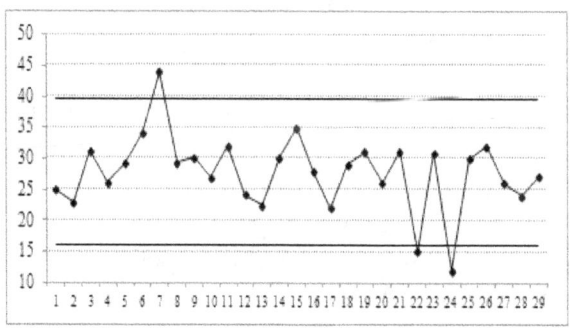

Fig.4 – Intervallo di confidenza per la discriminazione di outliers

La rettifica di eventuali *outliers* può avvenire in differenti modi:

- il valore anomalo può essere posto uguale al limite inferiore o superiore del range di ammissibilità. Ad esempio, nel caso della distribuzione normale della domanda:

$$d_t = \mu - \sigma \cdot z_{\alpha/2}$$

oppure

$$d_t = \mu + \sigma \cdot z_{\alpha/2}$$

- il valore anomalo può essere posto uguale al valor medio della serie
- al valore anomalo viene applicato il valore di media mobile calcolato sulla base degli ultimi s periodi:

$$d_t = MA_t(s) = \frac{1}{s} \sum_{\lambda=t-s}^{t-1} d_\lambda$$

2.2 Scomposizione delle serie storiche

Come si è già detto, l'analisi classica delle serie storiche tratta modelli nei quali i valori osservati sono esprimibili come risultanti di una componente deterministica e di una accidentale. Nel metodo decompositivo, si presuppone che i valori osservati siano scindibili, per ciascun istante temporale, nelle seguenti componenti:

- Trend (T): andamento tendenziale della serie nel medio-lungo periodo, ovvero andamento di fondo della serie

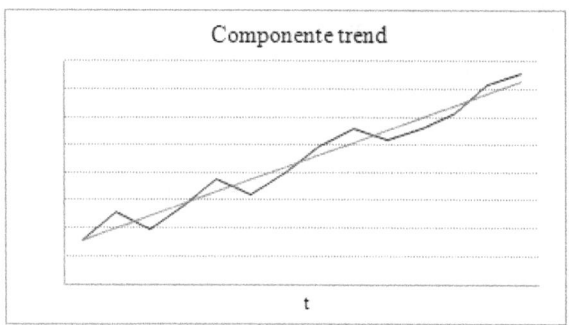

Fig.5 – Componente di tendenza di una serie storica

• Ciclo (C): fluttuazioni di lungo periodo, dovute a fenomeni macroeconomici, ovvero all'alternarsi nel tempo di fasi di espansione o recessione dell'economia

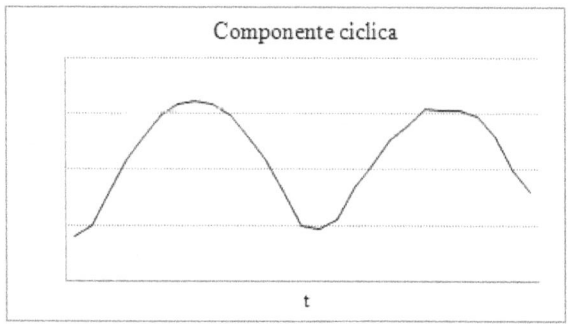

Fig.6 – Componente ciclica di una serie storica

• Stagionalità (S): fluttuazioni stagionali che tendono a ripetersi in maniera pressochè analoga nello stesso periodo. Esse possono evidenziare i cicli di consumo dei prodotti, oppure esprimere cicli di vendita derivanti da promozioni o iniziative marketing di carattere stagionale .

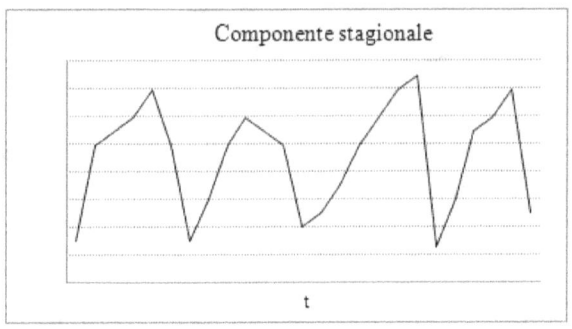

Fig.7 – Componente stagionale di una serie storica

- Accidentalità (A): componente residuale

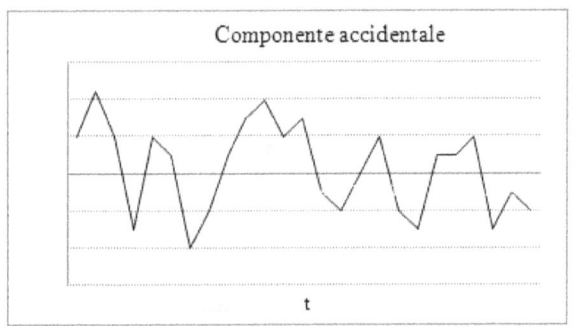

Fig.8 – Componente accidentale di una serie storica

I tipi di scomposizione sono i seguenti:

1. forma additiva,

$$D_t = T_t + C_t + S_t + A_t$$

2. forma moltiplicativa,

$$D_t = T_t \cdot C_t \cdot S_t \cdot A_t$$

nella scomposizione additiva si presuppone che le fluttuazioni cicliche e stagionali abbiano ampiezza costante mentre nella forma moltiplicativa che esse siano proporzionali al trend. Per ottenere la decomposizione ci si avvale di:

- Modelli di regressione
- Medie mobili centrate

Con la regressione si presuppone che la componente di fondo (o la componente tendenziale-ciclica) sia rappresentata da una funzione deterministica f_t nota, $T_t = f_t$, lineare o linearizzabile nei parametri:

- Funzione lineare:
  $$f_t = B_1 + B_2 t$$

- Funzione polinomiale:
  $$f_t = B_1 + B_2 t + B_3 t^2 + \cdots + B_k t^k$$

- Funzione esponenziale:
  $$f_t = B_1 \cdot e^{B_2 t}$$

La scelta della funzione f_t può derivare dalla semplice osservazione dei dati:

- Se $\Delta d_t = d_t - d_{t-1} \approx$ costante, f_t è lineare

- Se $\Delta^2 d_t = (d_t - d_{t-1}) - (d_{t-1} - d_{t-2}) \approx$ costante, f_t è quadratica. In linea più generale, se $\Delta^k d_t \approx$ costante, f_t è polinomiale di ordine k

- Se $\Delta d_t / d_{t-1} \approx$ costante, f_t è esponenziale, ovvero lineare nella scomposizione log-additiva.

2.3 Regressione lineare semplice

Il modello di regressione lineare semplice può essere così esplicitato:

$$Y_t = B_1 + B_2 t + \varepsilon_t \qquad t = 1, \ldots, n$$

ove ε_t rappresenta la componente di errore, espressa da una variabile casuale, distribuita in forma normale, caratterizzata da valore atteso nullo e varianza σ costante in ciascun istante temporale. Si assume inoltre che le componenti accidentali in istanti temporali diversi siano indipendenti.

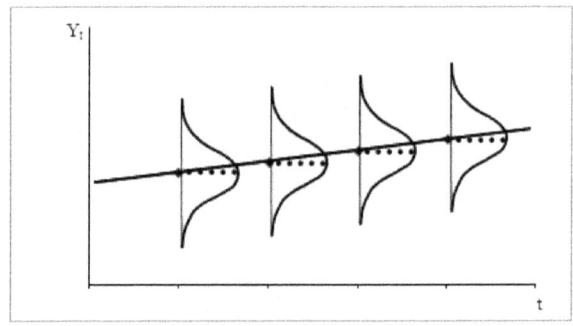

Fig.9 – Assunzioni del modello di regressione

Sul campione osservato, la relazione diventa:

$$y_t = B_1 + B_2 t + e_t \qquad t = 1, \ldots, n$$

ove e_t esprime la realizzazione della variabile casuale ε_t.
Gli stimatori $\widehat{B}_1$ e $\widehat{B}_2$ di B_1 e B_2 si ottengono con il metodo dei minimi quadrati (o metodo *OLS* – *Ordinary Least Squares*), ovvero mediante la minimizzazione della somma dei quadrati degli errori:

$$S(\widehat{B}_1, \widehat{B}_2) = \sum_{t=1}^{n} (\varepsilon_t)^2 = \sum_{t=1}^{n} \left(Y_t - \widehat{B}_1 + \widehat{B}_2 t \right)^2$$

La forma quadratica ammette un minimo ottenibile risolvendo un sistema di derivate parziali poste uguali a zero:

$$\begin{cases} \dfrac{\partial S(\widehat{B}_1, \widehat{B}_2)}{\partial \widehat{B}_1} = 0 \\[2ex] \dfrac{\partial S(\widehat{B}_1, \widehat{B}_2)}{\partial \widehat{B}_2} = 0 \end{cases}$$

Si ottiene la seguente soluzione:

$$\widehat{B}_1 = \overline{Y} - \widehat{B}_2 \overline{t}$$

$$\widehat{B}_2 = \frac{\sum_{t=1}^{n} (Y_t - \overline{Y})(t - \overline{t})}{\sum_{t=1}^{n} (t - \overline{t})^2}$$

con

$$\overline{Y} = \frac{1}{n} \sum_{t=1}^{n} Y_t \; ; \; \overline{t} = \frac{1}{n} \sum_{t=1}^{n} t$$

2.3.1 *Significatività dei parametri di regressione*

Inferenza sull'inclinazione della retta di regressione, volta ad accertare se sussiste una relazione lineare significativa tra le variabili (il vero valore del coefficiente di regressione può essere zero anche se il valore stimato non lo è) può essere effettuata considerando la varianza dello stimatore. Essa risulta pari a:

$$\sigma^2_{\widehat{B}_2} = \frac{\sigma^2}{\sum_{t=1}^{n}(t - \bar{t})^2}$$

Se fosse nota la varianza σ^2, considerato che $\widehat{B}_2 \sim N\left(B_2, \sigma^2_{\widehat{B}_2}\right)$, si potrebbe utilizzare una statistica basata sulla variabile aleatoria normale:

$$Z_2 = \frac{\widehat{B}_2 - B_2}{\sigma_{\widehat{B}_2}} \sim N(0,1)$$

E' possibile considerare il seguente stimatore corretto della varianza incognita σ^2:

$$S^2 = \frac{\sum_{t=1}^{n}\left(Y_t - \widehat{Y}_t\right)^2}{n - 2}$$

Dato che

$$\frac{(n - 2)S^2}{\sigma^2}$$

si distribuisce secondo una v.a. χ^2 con $n - 2$ gradi di libertà ed è indipendente da $\widehat{B}_2$, la variabile aleatoria

$$\frac{\widehat{B}_2 - B_2}{S_{\widehat{B}_2}}$$

descrive una variabile aleatoria T di Student con n-2 gradi di libertà, mediante la quale è possibile sottoporre a verifica l'ipotesi che l'inclinazione della funzione sia pari a zero:

$$\text{ipotesi di base } H_0 : B_2 = 0$$

$$\text{ipotesi alternativa } H_1 : B_2 \neq 0$$

Si accetterà l'ipotesi di base (coefficiente angolare uguale a zero) al livello di significatività α se:

$$-t_{n-2;\alpha/2} \frac{s}{\sqrt{\sum_{t=1}^{n}(t-\bar{t})^2}} < \hat{b}_2 < t_{n-2;\alpha/2} \frac{s}{\sqrt{\sum_{t=1}^{n}(t-\bar{t})^2}}$$

ove

$$\hat{b}_2 = \frac{\sum_{t=1}^{n}(y_t - \bar{y})(t-\bar{t})}{\sum_{t=1}^{n}(t-\bar{t})^2}$$

rappresenta la stima dei minimi quadrati mentre s la stima della deviazione standard σ:

$$s = \sqrt{\frac{\sum_{t=1}^{n}(y_t - \hat{y}_t)^2}{n-2}}$$

$t_{n-2;\alpha/2}$ rappresenta l'ascissa della T di Student con n-2 gradi di libertà che lascia alla sua destra una coda di area $\alpha/2$.

La significatività del coefficiente di regressione può essere anche verificata considerando la tabella dell'ANOVA (Tab.1).

Il test di utilizzato per la verifica dell'ipotesi di base $H_0 : B_2 = 0$ è quello di Fisher-Snedecor:

$$F = \frac{Var\ R}{Var\ E}$$

con 1 grado di libertà per il numeratore e $n - 2$ gradi di libertà per il denominatore. Considerato un valore di significatività α, l'ipotesi nulla sarà rigettata se:

$$\frac{\sum_{t=i}^{n}(\hat{y}_t - \bar{y})^2}{\frac{\sum_{t=i}^{n}(y_t - \hat{y}_t)^2}{n - 2}} > f_\alpha(1, n - 2)$$

Ove $f_\alpha(1, n - 2)$ è il valore della distribuzione F corrispondente al prefissato livello di significatività α e ai corrispettivi gradi di libertà, ovvero il valore che lascia sulla coda di destra un'area pari ad α.

Devianze	Gradi di libertà	Varianze
$Dev\ T = \sum_{t=i}^{n}(Y_t - \bar{Y})^2$	$n - 1$	$Var\ T = \dfrac{DEV\ T}{n - 1}$
$Dev\ R = \sum_{t=i}^{n}(\hat{Y}_t - \bar{Y})^2$	1	$Var\ R = \dfrac{DEV\ R}{1}$
$Dev\ E = \sum_{t=i}^{n}(Y_t - \hat{Y}_t)^2$	$n - 2$	$Var\ E = \dfrac{DEV\ E}{n - 2}$

Tab.1 – Analisi della varianza per la regressione lineare semplice

Alla stessa maniera:

$$\frac{\widehat{B}_1 - B_1}{\sigma_{\widehat{B}_1}}$$

con

$$\sigma_{\widehat{B}_1}^2 = \sigma^2 \frac{\sum_{t=1}^{n} t^2}{n \sum_{t=1}^{n} (t - \bar{t})^2}$$

si distribuisce secondo una v.a. normale standardizzata e

con

$$\frac{\widehat{B}_1 - B_1}{S_{\widehat{B}_1}}$$

$$S_{\widehat{B}_1}^2 = S^2 \frac{\sum_{t=1}^{n} t^2}{n \sum_{t=1}^{n} (t - \bar{t})^2}$$

descrive una variabile aleatoria T di Student con n-2 gradi di libertà.
Fissato il livello di significatività α , gli intervalli di confidenza per le stime $\widehat{b}_1$ e $\widehat{b}_2$ sono dati da:

$$\widehat{b}_1 \pm t_{n-2;\alpha/2} \, s_{\widehat{b}_1} \qquad \widehat{b}_2 \pm t_{n-2;\alpha/2} \, s_{\widehat{b}_2}$$

2.3.2 Coefficiente di determinazione

La bontà dell'adattamento del modello ai dati osservati è espressa dal coefficiente di determinazione:

ove:

$$R^2 = \frac{Dev \, R}{Dev \, T} = 1 - \frac{Dev \, E}{Dev \, T}$$

$$Dev \, R = Devianza \, di \, regressione = \sum_{t=i}^{n} (\widehat{y}_t - \bar{y})^2$$

$$\text{Dev T} = \text{Devianza totale} = \sum_{t=i}^{n} (y_t - \bar{y})^2$$

$$\text{Dev E} = \text{Devianza dell'errore} = \sum_{t=i}^{n} (y_t - \hat{y}_t)^2$$

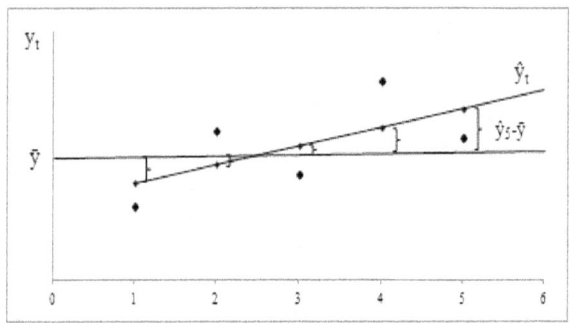

Fig.10 – Devianza di regressione

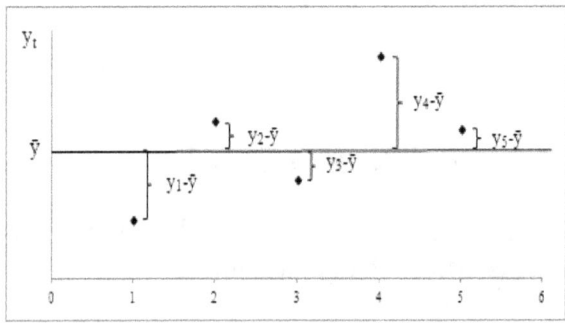

Fig.11 – Devianza totale

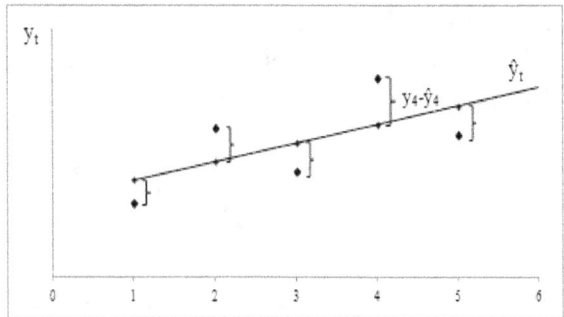

Fig.12 – Devianza dell'errore

Il coefficiente di determinazione, oscillante tra zero ed uno, esprime l'accostamento dei dati alla funzione ipotizzata ed è pari ad uno qualora tutte le y_t giacciono sulla retta di regressione, mentre vale zero qualora non sussista relazione lineare tra le variabili.

2.3.3 Verifica delle ipotesi

Determinati i coefficienti della funzione lineare, occorre procedere alla verifica delle ipotesi del modello di regressione:

*   Distribuzione normale degli errori
*   Omoschedasticità (variabilità costante degli errori)
*   Assenza di correlazione seriale

L'omoschedasticità e l'assenza di correlazione seriale consentono di affermare che gli stimatori dei minimi quadrati rappresentano i migliori stimatori lineari non distorti (*B.L.U.E.*) mentre la distribuzione in forma normale degli errori garantisce che essi non solo sono *B.L.U.E.* ma hanno anche la varianza minima nella classe di tutti i possibili stimatori. Consideriamo inoltre che l'ipotesi di normalità garantisce l'applicabilità di test di significatività dei coefficienti di regressione e dei limiti di confidenza nonché taluni test atti a verificare le ipotesi relative alla componente erratica.

2.3.3.1 Distribuzione in forma normale

La distribuzione normale degli errori può essere verificata mediante l'analisi della distribuzione grafica dei residui, considerando sull'asse delle ascisse i residui e_t e su quello delle ordinate le frequenze. Tale distribuzione dovrebbe avere media zero ed essere distribuita in forma normale.
La procedura di verifica potrebbe basarsi sui residui standardizzati:

$$\frac{e_t}{s}$$

accertandosi che, ad esempio, il 95 per cento dei residui standardizzati sia compreso nell'intervallo [-1,96 ; 1,96].

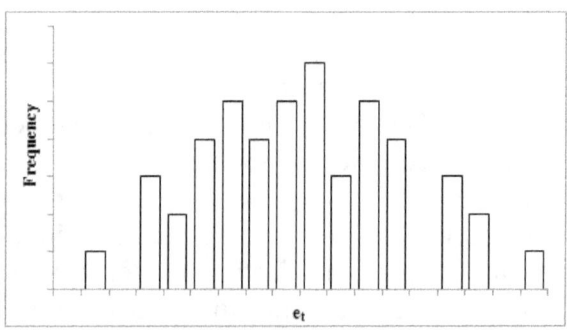

Fig.13 – Distribuzione grafica dei residui

Alternativamente, si potrebbe considerare il test di Jarque-Bera. Esso controlla due caratteristiche della normale, l'asimmetria e la curtosi (di definizione ovvia la prima, la seconda riguarda la piattezza del picco). Una distribuzione normale è contraddistinta da un'asimmetria non statisticamente diversa da zero e da un indice di curtosi pari a tre.

Indicando con SK lo stimatore campionario dell'asimmetria e con KU quello della curtosi, la variabile aleatoria:

$$JB = \frac{n}{6}\left[SK^2 + \frac{1}{4}(KU - 3)^2\right]$$

sotto l'ipotesi nulla di normalità, per n sufficientemente grande, ha distribuzione χ^2 con 2 gradi di libertà.

$$SK = \frac{\frac{1}{n}\sum_{i=1}^{n}\varepsilon_t^3}{\left(\frac{1}{n}\sum_{i=1}^{n}\varepsilon_t^2\right)^{3/2}} \quad KU = \frac{\frac{1}{n}\sum_{i=1}^{n}\varepsilon_t^4}{\left(\frac{1}{n}\sum_{i=1}^{n}\varepsilon_t^2\right)^2}$$

Fissato il livello di significatività α, si accetterà l'ipotesi nulla di normalità se:

$$jb = \frac{n}{6}\left\{\left[\frac{\frac{1}{n}\sum_{i=1}^{n}e_t^3}{\left(\frac{1}{n}\sum_{i=1}^{n}e_t^2\right)^{\frac{3}{2}}}\right]^2 + \frac{1}{4}\left[\frac{\frac{1}{n}\sum_{i=1}^{n}e_t^4}{\left(\frac{1}{n}\sum_{i=1}^{n}e_t^2\right)^2} - 3\right]^2\right\} < \chi^2_{2;\alpha}$$

2.3.3.2 Omoschedasticità

L'ipotesi di variabilità costante degli errori può essere verificata considerando il test di Goldfeld-Quandt:

$$F = \frac{S_2^2 / \left(\frac{n - c - 2k}{2}\right)}{S_1^2 / \left(\frac{n - c - 2k}{2}\right)}$$

che si distribuisce secondo una F di Fisher-Snedecor con $\frac{n-c-2k}{2}$ gradi di libertà sia al numeratore che al denominatore (nel caso di regressione lineare semplice, $k = 2$). Il valore c (costante nota a priori) esprime le osservazioni centrali della serie. Il pedice 1 (2) sta ad indicare lo stimatore corretto della varianza incognita derivante da due distinte analisi di regressione. Nel caso della regressione lineare semplice:

$$Y_t = B_1 + B_2 t + \varepsilon_t \qquad t = 1, \ldots, (n - c)/2$$

in cui si considera S_1^2 e

$$Y_t' = B_1' + B_2' t + \varepsilon_t \qquad t = [(n - c)/2] + 1, \ldots, n$$

in cui si considera S_2^2 .

La distribuzione della variabile aleatoria deriva dal fatto che

$$\frac{\left(\frac{n - c - 2k}{2}\right) S_1^2}{\sigma_1^2} \quad e \quad \frac{\left(\frac{n - c - 2k}{2}\right) S_2^2}{\sigma_2^2}$$

si distribuiscono secondo un χ^2 con $\frac{n-c-2k}{2}$ gradi di libertà e quindi l'espressione

$$F = \frac{\left(\frac{n - c - 2k}{2}\right) S_2^2 / \left(\frac{n - c - 2k}{2}\right) \sigma_2^2}{\left(\frac{n - c - 2k}{2}\right) S_1^2 / \left(\frac{n - c - 2k}{2}\right) \sigma_1^2}$$

L'ipotesi nulla di omoschedasticità sarà rigettata se la F empirica è più grande del valore critico al valore di significatività prescelto. Alternativamente, si potrebbe considerare il test di Breusch-Pagan. Consideriamo il caso K-variato:

$$Y_i = B_1 + B_2 X_{i2} + \dots + B_k X_{ik} + \varepsilon_i$$

ove si assume che

$$\sigma_i^2 = \alpha_1 + \alpha_2 Z_{i2} + \dots + \alpha_m Z_{im}$$

ovvero che la varianza dell'errore sia una funzione lineare di variabili non stocastiche Z_i.
Per testare l'omoschedasticità si considera la seguente ipotesi nulla:

$$H_0 = \alpha_2 = \dots = \alpha_m = 0$$

Il test consta dei seguenti passi:

1. Si stima il modello di partenza con gli *OLS* e di determinano i residui $e_1, \dots, e_n$

2. Si costruisce la variabile

$$p_i = \frac{e_i^2}{\widehat{\sigma}^2}$$

ove

$$\widehat{\sigma}^2 = \frac{\sum_{i=1}^{n} e_i^2}{n}$$

3. Si regredisce p_i sulle Z_i, ovvero:

$$p_i = \alpha_1 + \alpha_2 Z_{i2} + \dots + \alpha_m Z_{im} + v_i$$

ottenendo la devianza spiegata (Dev R)

Se i disturbi si distribuiscono casualmente e sotto l'ipotesi nulla di omoschedasticità la statistica test

$$\frac{Dev\ R}{2}$$

si distribuisce secondo un χ^2 con $m - 1$ gradi di libertà.

2.3.3.3 Assenza di correlazione seriale

Un ulteriore ipotesi che resta da verificare è la correlazione seriale. Essa denota il fatto che l'errore che si verifica in un punto è correlato con qualche altro errore, ovvero viene meno la seguente ipotesi:

$$\sigma_{\varepsilon_i\, \varepsilon_j} = 0 \qquad i \neq j$$

La verifica della correlazione seriale può essere condotta considerando, ad esempio, il test di Durbin-Watson:

$$d = \frac{\sum (e_t - e_{t-1})^2}{\sum e_t^2}$$

Tale test presuppone le ipotesi del modello lineare (compresa la distribuzione in forma normale degli errori).
Sulla base dei valori d_e e d_u riportati nell'apposita tavola di Durbin-Watson, in funzione della numerosità campionaria, del numero di variabili esplicative e di un prefissato livello di probabilità è possibile verificare l'ipotesi di base (assenza di autocorrelazione). Ovvero, nel caso di test ad una coda

(ipotesi alternativa unidirezionale), ad un prefissato livello di probabilità:

- Si rifiuta l'ipotesi di base se d < d_e
- Si accetta l'ipotesi di base se d > d_u
- Il test non consente di prendere decisioni se $d_e \leq d \leq d_u$

Nel caso di test a due code si hanno le seguenti alternative:

- Si rifiuta l'ipotesi di base se d < d_e oppure d > 4 − d_e
- Si accetta l'ipotesi di base se $d_u < d < 4 - d_u$
- Negli altri casi il test non consente di prendere decisioni

2.3.4 Relazione lineare: un esempio

Si consideri la seguente serie di domanda riportata in tab.2. La stima dei coefficienti di regressione lineare è data da:

$$\hat{b}_2 = \frac{\sum_{t=1}^{n}(y_t - \bar{y})(t - \bar{t})}{\sum_{t=1}^{n}(t - \bar{t})^2} = \frac{1877,50}{2247,50} = 0,84$$

$$\hat{b}_1 = \bar{y} - \hat{b}_2\bar{t} = 26,83 - 0,84 \cdot 15,50 = 13,89$$

Considerata la varianza delle stime dei coefficienti di regressione

$$s_{\hat{b}_2}^2 = \frac{s^2}{\sum_{t=1}^{n}(t - \bar{t})^2} = \frac{2,562}{2247,500} = 0,001$$

e

$$s_{\hat{b}_1}^2 = s^2 \frac{\sum_{t=1}^{n} t^2}{n \sum_{t=1}^{n}(t - \bar{t})^2} = 2,562 \cdot \frac{9455}{67425} = 0,359$$

l'intervallo di confidenza per $\hat{b}_2$ e $\hat{b}_1$ sarà ($\alpha = 0,05$):

$$\hat{b}_2 \pm t_{n-2;\,\alpha}\ s_{\hat{b}_2} = 0,84 \pm 2,048 \cdot 0,034 = 0,766 - 0,905$$

$$\hat{b}_1 \pm t_{n-2;\alpha}\ s_{\hat{b}_1} = 13,89 \pm 2,048 \cdot 0,599 =$$

$$= 12,657 - 15,113$$

t	y_t	t	y_t	t	y_t
1	13	11	23	21	32
2	16	12	26	22	31
3	17	13	25	23	34
4	15	14	23	24	36
5	18	15	26	25	33
6	17	16	29	26	35
7	21	17	27	27	38
8	23	18	31	28	37
9	20	19	28	29	36
10	24	20	33	30	38

Tab.2 – Serie di domanda

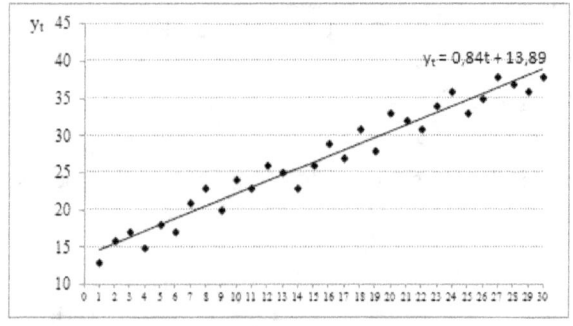

Fig.14 – Stima della retta di regressione

Essendo

$$\text{Dev E} = \sum_{t=i}^{n} e_t^2 = \sum_{t=i}^{n} (y_t - \hat{y}_t)^2 = 71{,}755$$

$$\text{Dev T} = \sum_{t=i}^{n} (y_t - \bar{y})^2 = 1640{,}167$$

l'indice di determinazione risulta pari a:

$$R^2 = 1 - \frac{\text{Dev E}}{\text{Dev T}} = 0{,}956$$

L'ipotesi nulla di normalità dei residui risulta accettata in quanto, secondo il test di Jarque-Bera

$$sk = \frac{\frac{1}{n}\sum_{i=1}^{n} e_t^3}{\left(\frac{1}{n}\sum_{i=1}^{n} e_t^2\right)^{3/2}} = \frac{0{,}181}{3{,}699} = 0{,}049$$

$$ku = \frac{\frac{1}{n}\sum_{i=1}^{n} e_t^4}{\left(\frac{1}{n}\sum_{i=1}^{n} e_t^2\right)^{2}} = \frac{9{,}719}{5{,}721} = 1{,}699$$

e considerato il livello di significatività $\alpha = 0{,}05$

$$\frac{n}{6}\left[sk^2 + \frac{1}{4}(ku - 3)^2\right] = 2{,}128 < \chi^2_{2;0,05} = 5{,}99$$

L'omoschedasticità viene verificata con l'ausilio del test di Goldfeld-Quandt. Fissato il livello $\alpha = 0{,}05$, risulta:

$$\frac{(\text{DEV E})_2}{(\text{DEV E})_1} = \frac{20{,}655}{15{,}988} = 1{,}292 < f_{0,05}(8{,}8) = 3{,}44$$

Anche l'ipotesi di assenza di autocorrelazione risulta accettata ($\alpha = 0,05$). Infatti, secondo il test di Durbin-Watson:

$$d = \frac{\Sigma(e_t - e_{t-1})^2}{\Sigma e_t^2} = \frac{177,469}{71,755} = 2,473 > d_u = 1,49$$

2.4 Regressione lineare multipla

Il metodo di regressione lineare può essere esteso al caso in cui più variabili contribuiscono a spiegare la variabile dipendente Y. Il modello di regressione multipla, secondo una caratterizzazione generale, può essere espresso da:

$$Y_i = B_1 + B_2 X_{i2} + \dots + B_k X_{ik} + \varepsilon_i \qquad i = 1, \dots, n$$

esprimibile in forma matriciale da:

$$Y = XB + \varepsilon$$

ove

$$Y = (Y_1, \dots, Y_n)'$$

X matrice, a rango pieno, di dimensione $n \times k$:

$$X = \begin{bmatrix} 1 & X_{12} & X_{1k} \\ \dots & \dots & \dots \\ 1 & X_{n2} & X_{nk} \end{bmatrix}$$

$B = (B_1, \dots, B_k)'$ vettore dei coefficienti

$\varepsilon = (\varepsilon_1, \dots, \varepsilon_n)'$ vettore delle variabili casuali, le cui realizzazioni sono espresse dal vettore dei residui $e = (e_1, \dots, e_n)'$

Le ipotesi del modello sulle variabili casuali sono le medesime del modello di regressione semplice:

$$E(\varepsilon) = 0$$

$$VAR(\varepsilon) = \sigma^2 I$$

$$\varepsilon \sim N(0, \sigma^2 I)$$

Considerata una relazione di tipo polinomiale, ad esempio un modello di regressione quadratica,questo è simile ad un modello di regressione multipla con due variabili esplicative in cui la seconda variabile è il quadrato della prima:

$$Y_i = B_1 + B_2 X_{i2} + B_3 X_{i2}^2 + \varepsilon_i \qquad i = 1, \dots, n$$

B_2 esprime l'effetto lineare su Y mentre B_3 ne esprime l'effetto quadratico. Questa forma funzionale, pur avendo una forma non lineare risulta ancora un modello di regressione lineare essendo lineare nei parametri.
Lo stimatore dei minimi quadrati, in un modello di regressione multipla, diviene:

$$\widehat{B} = (X'X)^{-1}X'Y$$

Infatti

$$\varepsilon'\varepsilon = (Y - X\widehat{B})'(Y - X\widehat{B}) =$$

$$= YY' - Y'X\widehat{B} - \widehat{B}'X'Y + \widehat{B}'X'X\widehat{B} =$$

$$= YY' - 2\widehat{B}'X'Y + \widehat{B}'X'X\widehat{B}$$

$$\min_{\widehat{B}} (\varepsilon'\varepsilon) = \frac{\partial(\varepsilon'\varepsilon)}{\widehat{B}} = -2X'Y + 2X'X\widehat{B} = 0$$

da cui l'espressione.
La matrice delle varianze e covarianze è espressa da

$$Var(\widehat{B}) = \sigma^2 (X'X)^{-1}$$

L'i-imo elemento del vettore $\widehat{B}$ ha distribuzione:

$$\widehat{B}_i \sim N(B_i, \sigma^2 a_{ii})$$

ove

a_{ii} rappresenta l'i-imo elemento sulla diagonale principale della matrice $(X'X)^{-1}$.

Lo stimatore della varianza delle v.c. errori è dato da:

$$S^2 = \frac{\sum_{i=1}^{n}(Y_i - \widehat{Y}_i)^2}{n - k}$$

Gli intervalli di confidenza per i parametri $\widehat{B}_i$ divengono

$$\widehat{B}_i \pm t_{n-k;\,\alpha/2}\ S_{\widehat{B}_i} \quad \text{ove } S_{\widehat{B}_i} = S\sqrt{a_{ii}}$$

La tavola per l'analisi della varianza è riportata in tab.3.
Per valutare la significatività congiunta dei parametri, ovvero per provare l'ipotesi nulla di assenza di regressione

$$H_0 : B_2 = B_3 = \ldots = B_k$$

si può utilizzare il test di Fisher-Snedecor:

$$F = \frac{Var\ R}{Var\ E}$$

con k − 1 gradi di libertà per il numeratore e n − k gradi di libertà per il denominatore.

Considerato che il coefficiente di determinazione multipla aumenta (ovvero migliora) quando nel modello si inseriscono variabili aggiuntive, è possibile considerare la correzione di R^2 al fine di tenere conto del numero delle variabili esplicative:

$$\overline{R}^2 = 1 - \frac{\text{Var E}}{\text{Var T}} = 1 - \frac{n-1}{n-k}(1 - R^2)$$

Devianze	Gradi di libertà	Varianze
$\text{Dev T} = \sum_{t=i}^{n}(Y_t - \overline{Y})^2$	$n - 1$	$\text{Var T} = \frac{\text{DEV T}}{n-1}$
$\text{Dev R} = \sum_{t=i}^{n}(\hat{Y}_t - \overline{Y})^2$	$k - 1$	$\text{Var R} = \frac{\text{DEV R}}{k}$
$\text{Dev E} = \sum_{t=i}^{n}(Y_t - \hat{Y}_t)^2$	$n - k$	$\text{Var E} = \frac{\text{DEV E}}{n-k}$

Tab.3 − Analisi della varianza per la regressione lineare multipla

2.5 Multicollinearità

Affinchè il modello di regressione multipla sia applicabile, occorre che il rango della matrice X delle variabili esplicative sia a rango pieno, ovvero che le variabili siano linearmente indipendenti (nessuna variabile deve essere una combinazione lineare delle altre). Se tale ipotesi si verifica si parla di assenza di multicollinearità mentre si parla di multicollinearità nell'ipotesi di correlazione tra le variabili esplicative. L'analisi del grado di multicollinearità viene effettuata usualmente tramite la procedura dell' "R^2 delete", ovvero considerando i coefficienti di determinazione derivanti da analisi di regressione prive di una variabile esplicativa. Ad esempio, considerando il modello

$$Y = B_1 + B_2X_2 + B_3X_3 + B_4X_4$$

si avranno tre "R^2 delete": uno volto a valutare l'accostamento della regressione di Y a X_2 e X_3, uno di Y a X_2 e X_4 ed uno di Y a X_3 e X_4. Un R^2 delete relativo poco differente rispetto all'R^2 relativo del modello completo sta a significare un alto grado di multicollinearità.

Per ridurre il grado di multicollinearità è possibile ricorrere alle differenze prime, ovvero invece che considerare il modello

$$Y_t = B_1 + B_2X_{t2} + ... + B_kX_{tk} + \varepsilon_t$$

si considera il modello

$$Y_t - Y_{t-1} = B_2(X_{t2} - X_{t-1,2}) + ... + B_k(X_{tk}-X_{t-1,k}) +$$

$$+(\varepsilon_t - \varepsilon_{t-1})$$

In generale, si può dire che non ci sono rimedi assoluti che consentono di eliminare la multicollinearità, se non eliminare le variabili fortemente correlate con le altre.

2.6 Modello di regressione con stagionalità

In caso di presenza di stagionalità, un approccio che consenta di modellare un pattern stagionale deterministico (ovvero invariante nel tempo) si basa sull'introduzione di particolari variabili dette *dummy* stagionali. Indicando con s il numero di stagioni in un anno (s = 4 in caso di dati trimestrali,

$s = 12$ per dati mensili, $s = 52$ per dati settimanali) e con S_t l'effetto stagionale al tempo t, in caso di dati trimestrali le variabili *dummy* sono del tipo:

$$S_{jt} = \begin{cases} 1 & \text{per il trimestre j} \quad j = 1, \dots s \\ 0 & \text{altrimenti} \end{cases}$$

$$S_t = \sum_{j=1}^{s} \delta_j \, S_{jt}$$

Il modello di regressione lineare può essere del tipo

$$Y_t = B_1 + B_2 t + \sum_{j=1}^{s} \delta_j \, S_{jt} + \varepsilon_t \qquad t = 1, \dots, n$$

Considerato che esiste una dipendenza lineare tra i regressori, ovvero un problema di multicollinearità (infatti la somma delle *dummy* stagionali è pari all'unità e questo viene confuso con l'intercetta) è possibile modellare la stagionalità introducendo soltanto $s - 1$ *dummy*, ad esempio:

$$Y_t = B_1^* + B_2 t + \sum_{j=1}^{s-1} \delta_j^* \, S_{jt} + \varepsilon_t \qquad t = 1, \dots, n$$

A partire da questo modello si ottengono le stime dei coefficienti mediante l'applicazione del metodo dei minimi quadrati e quindi gli effetti originari, con una trasformazione basata sulle seguenti uguaglianze:

$$B_1^* = B_1 + \delta_s$$

$$\delta_j = \delta_j^* + \delta_s$$

$$\sum_{j=1}^{s} \delta_j = 0$$

da cui

$$\delta_s = -\frac{1}{s} \sum_{j=1}^{s-1} \delta_j^{*}$$

Consideriamo, come esempio applicativo, la serie trimestrale relativa alle vendite di vino rosato in Australia riportata in tab.4. La stima dei coefficienti di regressione lineare è data da:

$$\text{intercetta } \hat{b}_1^{*} = 424,44$$

$$\text{coefficiente angolare } \hat{b}_2^{*} = -3,12$$

$$\text{coefficienti di stagionalità } \hat{\delta}_j^{*} \text{ relativi al trimestre } j$$

$$\hat{\delta}_1^{*} = -134,01$$

$$\hat{\delta}_2^{*} = -111,75$$

$$\hat{\delta}_3^{*} = -74,37$$

Tutti i coefficienti sono singolarmente significativi e il test statistico F segnala la significatività congiunta dei parametri:

$$F\,(4,27) = 40,67$$

t	Trim.	Anno	d_t	t	Trim.	Anno	d_t
1	1	1982	248	17	1	1986	189
2	2	1982	345	18	2	1986	214
3	3	1982	340	19	3	1986	327
4	4	1982	415	20	4	1986	333
5	1	1983	298	21	1	1987	193
6	2	1983	294	22	2	1987	253
7	3	1983	338	23	3	1987	261
8	4	1983	394	24	4	1987	353
9	1	1984	285	25	1	1988	248
10	2	1984	265	26	2	1988	216
11	3	1984	324	27	3	1988	258
12	4	1984	406	28	4	1988	351
13	1	1985	267	29	1	1989	220
14	2	1985	276	30	2	1989	238
15	3	1985	280	31	3	1989	247
16	4	1985	360	32	4	1989	333

Tab.4 – Vendite trimestrali di vino rosato in Australia (migliaia di litri), gen 82-dic 89

Fissato il livello $\alpha = 0{,}05$, risulta

$$f_{0,05}(4,27) = 2{,}73$$

si rifiuta quindi l'ipotesi nulla di assenza di regressione. L'ipotesi nulla di normalità dei residui risulta accettata. Infatti, secondo il test di Jarque-Bera

$$jb = 1{,}09$$

Dato il livello $\alpha = 0{,}05$ risulta

$$jb = 1{,}09 < \chi^2_{2;0,05} = 5{,}99$$

Anche l'ipotesi di omoschedasticità risulta accettata ($\alpha = 0{,}05$). Risulta infatti:

$$\text{Breusch} - \text{Pagan test} = 5{,}56 < \chi^2_{4;0,05} = 9{,}49$$

L'applicazione del test di Durbin-Watson conduce ad accettare l'ipotesi di assenza di autocorrelazione ($\alpha = 0{,}05$):

$$d = 1{,}98 > d_u = 1{,}82$$

Considerato che

$$\hat{\delta}_s = -\frac{1}{s}\sum_{j=1}^{s-1} \hat{\delta}_j^{\,*}$$

si ha

$$\hat{\delta}_4 = 80{,}03$$

Visto inoltre che

$$\hat{\delta}_j = \hat{\delta}_j^{\,*} + \hat{\delta}_s$$

si ha

$$\hat{\delta}_1 = -53{,}97$$

$$\hat{\delta}_2 = -31{,}72$$

$$\hat{\delta}_3 = 5{,}65$$

mentre l'intercetta del modello originario è data da

$$\hat{b}_1 = b_1^{\,*} - \delta_4 = 344{,}40$$

L'applicazione del modello ai valori di domanda è illustrato in figura 15.
L'espressione del modello di regressione ai fini predittivi è data da:

$$\hat{y}_{t+k} = \hat{b}_1 + \hat{b}_2(t+k) + \sum_{j=1}^{s} \hat{\delta}_j S_{jt+k}$$

Le vendite stimate per il 1990 sono riportate in tab.5.

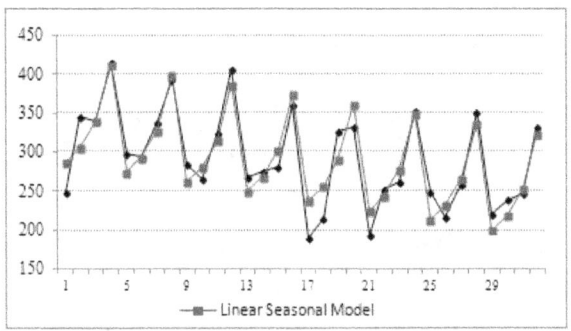

Fig.15 – Modello di regressione con stagionalità

t	Trim.	Anno	d_t	$\hat{d}_t$
33	1	1990	185	187
34	2	1990	222	206
35	3	1990	231	241
36	4	1990	307	312

Tab.5 – Vendite realizzate e previste di vino
rosato in Australia, modello di regressione

2.7 Medie mobili centrate

Le medie mobili centrate consentono di stimare la
componente tendenziale-ciclica di una serie storica. Le medie
mobili semplici, di ordine 2m, non centrate sono così
espresse:

$$CMA_{t-1,t}(2m) = \frac{1}{2m} \sum_{\lambda=-m}^{m-1} y_{t+\lambda}$$

$$CMA_{t,t+1}(2m) = \frac{1}{2m} \sum_{\lambda=-m+1}^{m} y_{t+\lambda}$$

La media mobile centrata è data da:

$$CMA_t(2m) = \frac{CMA_{t-1,t}(2m) + CMA_{t,t+1}(2m)}{2} =$$

$$= \frac{y_{t-m} + 2y_{t-m+1} + \cdots + 2y_t + 2y_{t+m-1} + y_{t+m}}{4m}$$

La media mobile centrata di periodo 2m consente di ridurre l'influenza dei fattori stagionali di periodicità 2m.
La figura 16 mostra l'applicazione della media mobile centrale di periodo pari a quattro (dati trimestrali). Occorre sottolineare che con l'utilizzo delle medie mobili, si perdono diversi valori iniziali e finali della serie storica; per le metodologie rivolte alla determinazione dei valori estremi della media centrale si rimanda a testi specialistici.

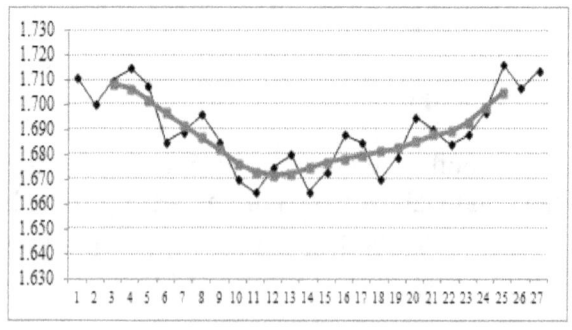

Fig.16 – Media mobile centrata di periodo 2m=4

2.8 Metodologia di scomposizione

La procedura di determinazione delle componenti di una serie storica consta dei seguenti passi:

1. Individuazione della componente trend-ciclo di prima approssimazione
2. Individuazione del rapporto lordo di stagionalità (effetto congiunto dei fattori stagionalità e casualità)
3. Identificazione del coefficiente netto di stagionalità
4. Destagionalizzazione della serie storica originaria
5. Individuazione della componente trend-ciclo
6. Calcolo della componente residuale

La componente tendenziale-ciclica viene stimata, in prima approssimazione, con l'ausilio delle medie mobili centrate. Il rapporto lordo di stagionalità, se il modello ipotizzato è di tipo moltiplicativo, è dato da:

$$S_t \cdot A_t = \frac{D_t}{CMA_t(2m)}$$

mentre è pari a

$$S_t + A_t = D_t - CMA_t(2m)$$

se il modello è di tipo additivo.
La stima della componente stagionale $\hat{S}_t$ si ottiene (considerando un modello di stagionalità costante) calcolando la media aritmetica dei rapporti lordi di stagionalità relativi allo stesso periodo (medie nei diversi anni del valore relativo allo stesso mese, o trimestre, ecc.).
La destagionalizzazione della serie storica avviene sottraendo o rapportando i dati osservati ai coefficienti netti di stagionalità:

$$D_t^{\,d} = D_t / \hat{S}_t$$

se il modello è di tipo moltiplicativo, mentre

$$D_t^{\,d} = D_t - \hat{S}_t$$

se il modello è di tipo additivo.

La componente tendenziale-ciclica $(\widehat{TC})_t$ può essere stimata mediante media mobile o, supposta di tipo lineare, viene determinata mediante analisi di regressione considerando come variabile dipendente di output la serie storica destagionalizzata $D_t^{\,d}$. Se si ipotizza un modello lineare semplice, si avrà:

$$(\widehat{TC})_t = \hat{B}_1 + \hat{B}_2 t$$

Mediante le stime della stagionalità e del trend-ciclo si ottiene la stima $\hat{D}_t$:

$$\hat{D}_t = (\widehat{TC})_t \cdot \hat{S}_t$$

se il modello è moltiplicativo, mentre

$$\hat{D}_t = (\widehat{TC})_t + \hat{S}_t$$

se il modello è di tipo additivo.
La componente residuale è determinata quindi da:

$$\hat{A}_t = D_t / \hat{D}_t$$

per un modello moltiplicativo e da

$$\hat{A}_t = D_t - \hat{D}_t$$

per un modello additivo.

Consideriamo, a titolo di esempio, il modello additivo per la serie di domanda di vino rosato in Australia del par.2.6. La media mobile centrata di ordine 4 ed i coefficienti lordi di stagionalità sono riportati in tab.6. I coefficienti netti di stagionalità per i 4 trimestri sono dati da:

$$S_{trim.1} = -48,20$$

$$S_{trim.2} = -37,07$$

$$S_{trim.3} = 6,96$$

$$S_{trim.4} = 78,52$$

La serie destagionalizzata è illustrata in fig.17.

Periodo	d_t	CMA	d_t -CMA_t	Periodo	d_t	CMA	d_t -CMA_t
1-1982	248			1-1986	189	266,6	-77,63
2-1982	345			2-1986	214	269,1	-55,13
3-1982	340	343,3	-3,25	3-1986	327	266,3	60,75
4-1982	415	343,1	71,88	4-1986	333	271,6	61,38
1-1983	298	336,5	-38,50	1-1987	193	268,3	-75,25
2-1983	294	333,6	-39,63	2-1987	253	262,5	-9,50
3-1983	338	329,4	8,63	3-1987	261	271,9	-10,88
4-1983	394	324,1	69,88	4-1987	353	274,1	78,88
1-1984	285	318,8	-33,75	1-1988	248	269,1	-21,13
2-1984	265	318,5	-53,50	2-1988	216	268,5	-52,50
3-1984	324	317,8	6,25	3-1988	258	264,8	-6,75
4-1984	406	316,9	89,13	4-1988	351	264,0	87,00
1-1985	267	312,8	-45,75	1-1989	220	265,4	-45,38
2-1985	276	301,5	-25,50	2-1989	238	261,8	-23,75
3-1985	280	286,0	-6,00	3-1989	247		
4-1985	360	268,5	91,50	4-1989	333		

Tab.6 – Media mobile centrata e coefficienti lordi di stagionalità, serie tab.4

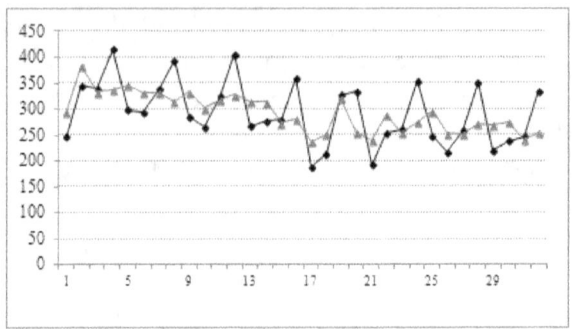

Fig.17 – Serie destagionalizzata delle vendite trimestrali di vino rosato in Australia (migliaia di litri), gen 82-dic 89

La stima dei parametri di regressione lineare per la serie destagionalizzata è data da:

$$\text{intercetta } \hat{b}_1 = -3,11$$

$$\text{coefficiente angolare } \hat{b}_2 = 343,81$$

Il trend-ciclo è riportato in tab.7. Il test statistico F mostra la significatività congiunta dei coefficienti ($\alpha = 0,05$):

$$F\,(1,30) = 46,80 > f_{0,05}(1,30) = 4,17$$

E' possibile accettare l'ipotesi di base sulla normalità dei residui. Posto il livello $\alpha = 0,05$, dal test di Jarque-Bera risulta:

$$jb = 1,35 < \chi^2_{2;0,05} = 5,99$$

Non è possibile rifiutare neanche l'ipotesi di omoschedasticità. Considerato il livello di significatività $\alpha = 0,05$, si ha infatti:

Breusch – Pagan test $= 0,50 < \chi^2_{1;0,05} = 3,84$

L'ausilio del test di Durbin-Watson porta ad accettare l'ipotesi di assenza di autocorrelazione ($\alpha = 0,05$):

$$d = 1,99 > d_u = 1,50$$

La previsione delle vendite per il 1990, ottenuta mediante la procedura di scomposizione, è indicata in tab.8.

Periodo	$\hat{y}_t = \hat{b}_1 + \hat{b}_2 t$	Periodo	$\hat{y}_t = \hat{b}_1 + \hat{b}_2 t$
1-1982	341	1-1986	291
2-1982	338	2-1986	288
3-1982	334	3-1986	285
4-1982	331	4-1986	282
1-1983	328	1-1987	279
2-1983	325	2-1987	275
3-1983	322	3-1987	272
4-1983	319	4-1987	269
1-1984	316	1-1988	266
2-1984	313	2-1988	263
3-1984	310	3-1988	260
4-1984	307	4-1988	257
1-1985	303	1-1989	254
2-1985	300	2-1989	251
3-1985	297	3-1989	247
4-1985	294	4-1989	244

Tab.7 – Componente tendenziale-ciclica, serie tab.4

t	Trim.	Anno	d_t	$\hat{d}_t$
33	1	1990	185	193
34	2	1990	222	201
35	3	1990	231	242
36	4	1990	307	310

Tab.8 – Vendite effettive e stimate di vino rosato
in Australia, scomposizione additiva

2.9 Livellamento esponenziale semplice

Il metodo del livellamento (o smorzamento) esponenziale consiste nell'applicazione alla serie dei dati di una media mobile ponderata esponenzialmente, con pesi esponenzialmente crescenti (maggiori per i dati finali) e la cui somma è pari all'unità. Ovvero, l'osservazione al periodo i avrà un peso maggiore rispetto al valore osservato al periodo $i - 1$, un peso minore rispetto all'osservazione del periodo $i - 2$, e pesi via via decrescenti sino alla prima osservazione della serie dei dati. Attribuendo un peso (o fattore di smorzamento) w compreso tra zero ed uno all'ultimo valore della serie, un peso $(1 - w)$ al penultimo, $(1 - w)^2$ al terzultimo e via dicendo, si ha:

$$\lim_{n\to\infty} \sum_{i=0}^{n} w(1 - w)^i = w\frac{1}{1 - (1 - w)} = 1$$

La serie dei dati d_t viene sostituita con la serie smussata e_t :

$$e_t = w \sum_{i=0}^{n-1} (1 - w)^i d_{n-i}$$

Ai fini del calcolo, può risultare più comoda la seguente formulazione:

$$e_t = wd_t + (1 - w)e_{t-1} \qquad t = 1, ..., n$$

La scelta del peso w è soggettiva. Se la finalità è smussare la serie, conviene optare per un valore basso, in modo da evidenziare la tendenza di lungo periodo della serie, mentre in caso di utilizzo in modalità predittiva è preferibile la scelta di valori elevati.

Il valore iniziale della serie smussata può essere determinato in diversi modi: può essere posto uguale al primo valore della serie dei dati, oppure alla media di tutti i valori osservati o a parte di essi. La scelta non pregiudica la finalità predittiva in quanto ai primi valori della serie vengono attribuiti fattori di smorzamento molto bassi.

La previsione per il periodo t + 1 è data da:

$$\hat{d}_{t+1} = e_t$$

Si consideri l'esempio riportato in tab. 9.

Come è possibile osservare dalle figg. 18-19, un fattore di smorzamento pari a 0,3 consente di smussare maggiormente la serie ed evidenziarne le tendenze di lungo periodo, mentre un peso pari a 0,6 si rivela maggiormente efficace al fine di una previsione di breve periodo.

t	dt	et (w=0,3)	et (w=0,6)	t	dt	et (w=0,3)	et (w=0,6)
1	125	125	125	13	132	128	130
2	133	127	130	14	130	129	130
3	135	130	133	15	126	128	128
4	128	129	130	16	124	127	125
5	125	128	127	17	122	125	123
6	122	126	124	18	126	125	125
7	124	126	124	19	124	125	124
8	120	124	122	20	128	126	127
9	126	124	124	21	131	127	129
10	123	124	123	22	127	127	128
11	127	125	126	23	133	129	131
12	129	126	128	24	125	128	127

Tab.9 – Serie di domanda e valori smussati esponenzialmente

Come valore previsionale nel periodo 25 si può considerare il valore smussato ottenuto per il periodo 24 (con un fattore di smorzamento pari a 0,6):

$$\hat{d}_{25} = 127$$

E' importante sottolineare che il metodo è utilizzabile per serie prive di trend in quanto la previsione ottenuta è costante:

$$\hat{d}_{t+1} = e_t$$

$$\hat{d}_{t+2} = e_{t+1} = w\hat{d}_{t+1} + (1 - w)e_t = e_t$$

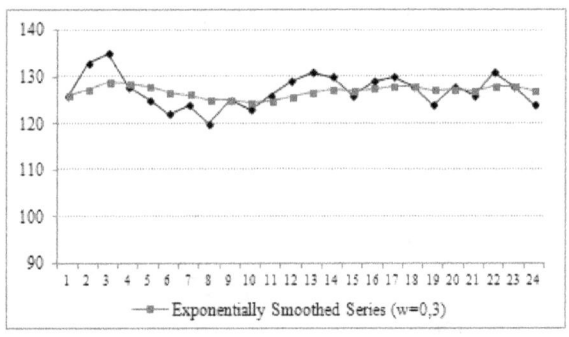

Fig.18 – Livellamento esponenziale di una serie storica con fattore di smorzamento w pari a 0,3

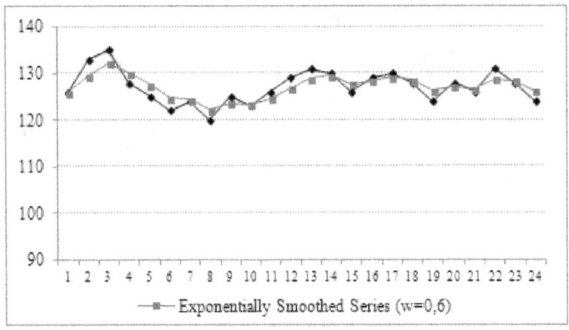

*Fig.19 – Livellamento esponenziale di una serie storica con
fattore di smorzamento w pari a 0,6*

2.10 Modello di Holt

Come si è detto, il metodo del livello esponenziale semplice non è in grado di cogliere la tendenza della serie dei dati. Con il modello di Holt (o livellamento esponenziale doppio), è possibile analizzare domande che presentano un certo trend e sono prive di stagionalità (o destagionalizzate). La relazione ricorsiva considerata è la seguente:

$$e_t = wd_t + (1 - w)(e_{t-1} + m_{t-1})$$

$$0 < w < 1 ; \quad t = 1, \dots, n$$

che può essere vista come la media ponderata tra il valore osservato della serie e la previsione relativa al periodo precedente.

Un'analoga relazione determina l'aggiornamento della tendenza smorzata:

$$m_t = v(e_t - e_{t-1}) + (1 - v)m_{t-1}$$

$$0 < v < 1 ; \quad t = 1, \dots, n$$

Essa può essere intesa come una media ponderata delle differenze tra la previsione al periodo attuale e precedente e la pendenza calcolata all'istante precedente. I valori iniziali del livello e_t e del trend m_t possono derivare dall'analisi di regressione:

$$e_t = \hat{b}_1 + \hat{b}_2 t$$

$$m_t = \hat{b}_2$$

Un esempio applicativo è riportato in tab.10. I fattori di smorzamento vengono determinati minimizzando un'apposita metrica di errore, quale, ad esempio, l'MSE. Le misure di accuratezza previsionale verranno descritte nel par. 2.12. La predizione relativa al periodo $t + k$ è:

$$\hat{d}_{t+k} = e_t + k m_t$$

t	dt	et	mt	t	dt	et	mt
1	128	130,16	-1,05	13	120	120,52	0,07
2	129	129,03	-1,08	14	115	116,68	-1,49
3	131	130,09	-0,23	15	116	115,76	-1,27
4	128	128,56	-0,75	16	114	114,15	-1,40
5	126	126,54	-1,25	17	116	115,02	-0,49
6	122	122,99	-2,18	18	113	113,46	-0,92
7	124	123,04	-1,28	19	112	112,16	-1,07
8	123	122,63	-0,94	20	109	109,63	-1,66
9	121	121,21	-1,13	21	111	110,09	-0,81
10	117	117,92	-1,99	22	106	106,98	-1,73
11	119	118,08	-1,13	23	107	106,48	-1,24
12	123	121,18	0,56	24	104	104,37	-1,59

Tab.10 – Modello di Holt, coefficienti di smorzamento w=0,7 e v=0,4

2.11 Modello di Winters

Al fine di cogliere sia la tendenza che la stagionalità presenti tra le componenti della serie dei dati, è necessario considerare l'estensione dei modelli descritti precedentemente. Il modello di Winters (o smorzamento esponenziale triplo) aggiunge, alle componenti media e tendenziale, la componente ciclica dovuta all'effetto stagionale. Il modello stagionale di tipo moltiplicativo è dato da:

$$e_t = w\frac{d_t}{s_{t-p}} + (1-w)(e_{t-1} + m_{t-1}) \qquad t = 1, ..., n$$

$$m_t = v(e_t - e_{t-1}) + (1-v)m_{t-1} \qquad t = 1, ..., n$$

$$s_t = u\frac{d_t}{e_t} + (1-u)s_{t-p} \qquad t = 1, ..., n$$

ove

w, v e u rappresentano i fattori di smorzamento mentre s_t è il fattore di stagionalità con periodicità p.
I valori iniziali del modello posso essere calcolati mediante regressione, o in alternativa, nel modo seguente:

$$e_p = \frac{1}{p}\sum_{t=1}^{p} d_t$$

$$m_p = \frac{1}{p}\left(\frac{d_{p+1} - d_1}{p} + \frac{d_{p+2} - d_2}{p} + \cdots + \frac{d_{p+p} - d_p}{p}\right)$$

$$s_1 = \frac{d_1}{e_p}, \quad s_2 = \frac{d_2}{e_p}, \quad s_p = \frac{d_p}{e_p}$$

Anche in questo caso i coefficienti di smorzamento vengono calcolati minimizzando una data metrica di errore.
Il modello stagionale additivo è invece espresso da:

$$e_t = w(d_t - s_{t-p}) + (1 - w)(e_{t-1} + m_{t-1}) \qquad t = 1, ..., n$$

$$m_t = v(e_t - e_{t-1}) + (1 - v)m_{t-1} \qquad t = 1, ..., n$$

$$s_t = u(d_t - e_t) + (1 - u)s_{t-p} \qquad t = 1, ..., n$$

La previsione della domanda $\hat{d}_{t+k}$, nel caso del modello additivo, è data da:

$$\hat{d}_{t+k} = e_t + km_t + s_{t+k-p}$$

mentre, per il modello moltiplicativo, è espressa da:

$$\hat{d}_{t+k} = (e_t + km_t)s_{t+k-p}$$

Si consideri il modello additivo per la serie trimestrale delle vendite di vino rosato in Australia (tab.4, par. 2.6), da cui le previsioni in tab.11.
I valori iniziali delle relazioni ricorsive del modello sono stati determinati mediante analisi di regressione: data la stima dei minimi quadrati relativa alla serie destagionalizzata già vista nel par. 2.8, il trend iniziale viene posto uguale alla stima del coefficiente angolare della retta di regressione mentre la media iniziale è determinata da:

$$e_t = \hat{b}_1 + \hat{b}_2 t$$

Il coefficiente di stagionalità iniziale per un dato trimestre viene invece determinato considerando la media, per gli anni 1982-1989, dei valori di domanda relativi al trimestre detrendizzati mediante la retta di regressione.

I fattori di smorzamento considerati sono i seguenti:

$$w = 0,4$$

$$v = 0,7$$

$$u = 0,3$$

t	Trim.	Anno	d_t	$\hat{d}_t$
33	1	1990	185	196
34	2	1990	222	205
35	3	1990	231	236
36	4	1990	307	310

Tab.11 – Vendite realizzate e stimate di vino rosato in Australia, modello di Winters

2.12 Metriche di accuratezza previsionale

L'accuratezza previsionale misura lo scostamento fra valori di domanda previsti e valori effettivi. Per ciascun istante temporale $t = 1, \ldots n$, è possibile stimare l'errore puntuale di previsione, dato dalla differenza tra domanda effettiva d_t e domanda prevista $\hat{d}_t$:

$$e_t = d_t - \hat{d}_t$$

Tale differenza viene definita *forecast error* e risulta positiva in caso di sottostima della domanda e negativa nel caso in cui la previsione formulata risulti superiore ai valori effettivi di domanda. Dalla metrica puntuale di errore previsionale derivano una serie di misure di errore:

- Errore assoluto: $|e_t|$
- Errore quadratico: e_t^2
- Errore percentuale: e_t/d_t

Le metriche di accuratezza previsionale possono essere classificate in:

- Misure di distorsione, volte a valutare il segno del *forecast error* e quindi distinguere i casi di sottostima da quelli di sovrastima
- Misure di dispersione, che valutano l'errore di previsione considerando il valore assoluto evitando compensazioni tra errori con segno opposto

Sono misure di distorsione le seguenti:

- Errore medio di previsione, dato dalla media aritmetica degli errori di previsione:

$$ME = \frac{1}{n} \sum_{t=1}^{n} e_t$$

- Errore medio percentuale, espresso dalla media aritmetica degli errori percentuali previsionali:

$$MPE = \frac{100}{n} \sum_{t=1}^{n} e_t/d_t$$

Sono invece misure di dispersione:

- Media aritmetica dei valori assoluti dell'errore puntuale di previsione:

$$MAD = \frac{1}{n} \sum_{t=1}^{n} |e_t|$$

- Media aritmetica degli errori percentuali assoluti:

$$MAPE = \frac{100}{n} \sum_{t=1}^{n} |e_t| / d_t$$

- Media aritmetica degli errori previsionali elevati al quadrato:

$$MSE = \frac{1}{n} \sum_{t=1}^{n} e_t^2$$

Le misure di valutazione dell'errore previsionale vengono utilizzate sia in termini di *best fit* parametrico che algoritmico. Infatti, identificato un dato modello previsionale, si procede alla scelta dei parametri ottimali, ovvero tali da massimizzare l'accuratezza predittiva (minimizzare una prescelta metrica di errore). Una volta che i modelli risultano ottimizzati internamente è necessario individuare quello che consente di formulare la migliore previsione. Ciascun modello di *sales forecasting* applicato ad una serie storica di domanda d_t apporta un dato valore di accuratezza previsionale; la scelta del modello più appropriato si basa sulla minimizzazione di una data misura di errore.

3.1 Processi stocastici

L'analisi moderna delle serie storiche si basa sul concetto di processo stocastico. Un processo stocastico X_t è una famiglia di variabili casuali descritte da un parametro t appartenente ad un insieme parametrico T, ovvero una successione di variabili casuali ordinate secondo un parametro $t \in T$, corrispondente al tempo. Il processo stocastico $\{X_1, X_2, \dots \}$ è continuo quando le variabili aleatorie che lo costituiscono sono continue, discreto nel caso opposto; è a tempo continuo o discreto a seconda della natura del parametro t.

La conoscenza di un processo stocastico risiede nella conoscenza della distribuzione di probabilità multipla per ciascun sottoinsieme di T e per ciascun valore delle variabili aleatorie: il processo X_t è noto se è nota la funzione di densità multipla della $k-$pla di variabili casuali $\{X_{t_1}, X_{t_2}, \dots, X_{t_k}\}$ per ogni k e per ogni $k-$pla di valori $\{t_1, t_2, \dots, t_k\}$ di variabili casuali.

Se si considera una prova da effettuare sul processo X_t, si otterrà una successione di valori, $x_1, x_2, \dots$, chiamata realizzazione del processo. E' evidente che, ripetendo indefinitamente l'esperimento, un processo può generare infinite realizzazioni. Una serie storica $\{x_t, t = 1, 2, \dots, n \}$ viene considerata come parte finita di una realizzazione di un processo stocastico.

3.2 Momenti di un processo stocastico

Considerato il processo stocastico X_t continuo a parametro discreto, il momento del primo ordine, cioè il valore atteso del processo è espresso dalla seguente relazione:

$$\mu(t) = E(X_t) = \int_{-\infty}^{+\infty} u \, f_{X_t}(u) \, du$$

La varianza del processo stocastico è invece data da:

$$\sigma^2(t) = E[X_t - \mu(t)]^2 = \int_{-\infty}^{+\infty} [u - \mu(t)]^{\,2} f_{X_t}(u) \, du$$

In statistica, per lo studio dei legami che intercorrono tra due variabili casuali X e Y si utilizza la covarianza, data da:

$$\gamma_{XY} = E[(X - \mu_X)(Y - \mu_Y)]$$

Essa è positiva quando valori crescenti [decrescenti] di X si associano a valori crescenti [decrescenti] di Y mentre è negativa quando valori crescenti [decrescenti] di X si associano a valori decrescenti [crescenti] di Y. Fornisce quindi una misura di quanto le due variabili aleatorie varino assieme, ovvero della loro dipendenza.

Tale relazione, applicata ad una serie storica, determinazione di un processo stocastico, ne esprime l'autocovarianza. L'autocovarianza del processo stocastico fra gli istanti t e t + k è espressa da:

$$\gamma(t, t + k) = E[(X_t - \mu(t))(X_{t+k} - \mu(t + k))]$$

Dato che mediante l'autocovarianza è difficile giudicare la bontà di un dato valore, non essendo compresa tra specifiche soglie, si considera l'autocorrelazione, data da:

$$\rho_k(t) = \frac{E[(X_t - \mu(t))(X_{t+k} - \mu(t+k))]}{E[(X_t - \mu(t)]^2 E[(X_{t+K} - \mu(t+K)]^2} =$$

$$= \frac{\gamma(t, t+k)}{\sigma(X_t)\sigma(X_{t+k})}$$

L'autocorrelazione è sempre compresa tra -1 ed 1. Quando $\rho = 0$, X_t e X_{t+k} non sono correlate.

3.3 Condizioni del processo stocastico

Al fine di poter effettuare inferenza sul processo stocastico generatore di una realizzazione finita, occorre restringere la classe dei processi stocastici a cui fare riferimento introducendo alcuni vincoli, ovvero limitandosi a quei processi che godono delle proprietà di stazionarietà, invertibilità ed ergodicità.

Con la stazionarietà si suppone che determinate proprietà statistiche di una serie risultino invarianti nel tempo. La stazionarietà è distinta tra:

*   Stazionarietà in senso stretto o forte
*   Stazionarietà in senso lato o debole

Un processo X_t è stazionario in senso stretto se la distribuzione multipla delle variabili aleatorie $X_{t_1}, X_{t_2}, ..., X_{t_k}$ non risulta funzione di $t_1, t_2, ..., t_k$, per ogni $k \geq 1$. L'ipotesi di stazionarietà completa rappresenta una condizione ideale, irraggiungibile nella realtà; ci si accontenta quindi di stazionarietà più deboli. Generalmente si considera una stazionarietà della media e dei momenti del secondo ordine. Tale ipotesi comporta che media e varianza del processo siano costanti mentre l'autocovarianza tra le componenti del processo sia funzione solo del lag k:

$$\mu(t) = \mu$$

$$\sigma^2(t) = \sigma^2$$

$$\gamma_k = E[(X_t - \mu)(X_{t+k} - \mu)] = E[(X_t - \mu)(X_{t-k} - \mu)]$$

L'ipotesi di stazionarietà debole implica la semplificazione sulla determinazione dell'autocorrelazione:

$$\rho_k = \frac{\gamma_k}{\gamma_0}$$

I coefficienti di autocorrelazione godono delle seguenti proprietà:

$$1 \leq \rho_k \leq 1$$

$$\rho_0 = 1$$

$$\rho_{-k} = \rho_k$$

Se si considera un processo stocastico stazionario e si calcolano le autocorrelazioni teoriche ρ_k, $k = 0,1,2$ ... si ottengono le coppie di valori (k, ρ_k) che rappresentate in un grafico danno luogo ad un diagramma denominato correlogramma.

Oltre ai coefficienti di correlazione totale ρ_k, si possono calcolare i coefficienti di correlazione parziale. Nel caso di un processo stocastico stazionario i coefficienti di autocorrelazione parziale sono dati da:

$$\pi_k = \frac{R_k^*}{R_k}$$

ove

$$R_k^* = \det \begin{bmatrix} \rho_0 & \rho_1 & \cdots & \rho_1 \\ \rho_1 & \rho_0 & \cdots & \rho_2 \\ \cdots & \cdots & \cdots & \cdots \\ \rho_{k-1} & \rho_{k-2} & \cdots & \rho_k \end{bmatrix}$$

$$R_k = \det \begin{bmatrix} \rho_0 & \rho_1 & \cdots & \rho_{k-1} \\ \rho_1 & \rho_0 & \cdots & \rho_{k-2} \\ \cdots & \cdots & \cdots & \cdots \\ \rho_{k-1} & \rho_{k-2} & \cdots & \rho_0 \end{bmatrix}$$

Essa esprime la correlazione esistente fra X_t e X_{t+k} al netto della correlazione esistente tra le variabili casuali intermedie tra X_t e X_{t+k}.
Dalla proprietà di simmetria di ρ_k deriva anche quella di π_k, vale infatti $\pi_{-k} = \pi_k$.
Oltre alla stazionarietà, le altre condizioni relative al processo sono invertibilità ed ergodicità. L'invertibilità consente di esprimere il processo X_t tramite le variabili casuali del passato, ovvero tramite una funzione che collega X_t con le variabili casuali X_s, $s < t$. Ciò avviene in maniera stocastica, considerando un disturbo casuale A_t:

$$X_t = f(X_{t-1}, X_{t-2}, \ldots) + A_t$$

Essa viene introdotta con l'obiettivo di identificare in maniera univoca il modello da adottare.
Per ciò che concerne invece l'ergodicità, essa è l'equivalente della proprietà di consistenza degli stimatori. Secondo il teorema ergodico di Slutsky, se un processo è ergodico, l'osservazione di una sua realizzazione abbastanza lunga equivale, ai fini inferenziali, all'osservazione di un gran numero di determinazioni. Se ad esempio un processo ergodico ha valore atteso μ, allora la sua media aritmetica è uno stimatore consistente di μ e può essere stimato in modo consistente come se si disponesse di numerose realizzazioni

del processo anziché di una solamente. C'è da dire che, se esistono metodi per sottoporre a test l'ipotesi di non stazionarietà, la condizione di ergodicità non è verificabile se si dispone di una sola determinazione del processo.

3.4 Momenti campionari

I momenti teorici visti nel par. 3.2 fanno riferimento al processo stocastico che si ipotizza generi la serie storica osservata. Tali momenti, calcolati su quest'ultima vengono definiti momenti campionari. Per il calcolo dei momenti campionari, si suppone di operare su una serie storica di tipo discreto, stazionaria e di ampiezza N.

La media campionaria è espressa dalla seguente relazione:

$$m(x_t) = \frac{1}{n} \sum_{i=1}^{n} x_i$$

mentre la varianza campionaria (corretta) è data da:

$$s^2(x_t) = \frac{1}{n-1} \sum_{i=1}^{n} [x_i - m(x_t)]^2$$

L'autocovarianza campionaria si determina mediante la seguente relazione:

$$c_k = \frac{1}{n-k} \sum_{t=1}^{n-k} (x_t - \bar{x}_1)(x_{t+k} - \bar{x}_2)$$

ove

$\bar{x}_1$ è la media dei primi $n - k$ valori della serie

$\bar{x}_2$ è la media degli ultimi $n - k$ valori della serie

L'autocorrelazione campionaria totale è quindi data da:

$$r_k = \frac{c_k}{c_0}$$

mentre quella parziale è la stessa espressione vista nel paragrafo precedente, ove i valori teorici ρ_k vengono sostituiti dai valori campionari r_k.
Ovviamente se la serie storica non è stazionaria, le relazioni descritte non possono essere utilizzate.

3.5 Il modello a media mobile

Un processo a media mobile di ordine q, indicato con MA(q), è espresso dalle seguente relazione:

$$X_t = A_t + \psi_1 A_{t-1} + \psi_2 A_{t-2} + \ldots + \psi_q A_{t-q}$$

ove A_t è un processo *White Noise* di valore medio nullo e varianza σ_A^2 costante, $A_t \sim WN(0, \sigma_A^2)$:

$$E(A_t) = 0$$

$$Var(A_t) = E(A_t^2) = \sigma_A^2$$

$$Cov(A_t, A_s) = E(A_t, A_s) = \begin{cases} 0 & \forall t \neq s \\ \sigma_A^2 & t = s \end{cases}$$

Ponendo $\psi_i = -\Theta_i$, si ha:

$$X_t = A_t - \Theta_1 A_{t-1} - \Theta_2 A_{t-2} - \ldots - \Theta_q A_{t-q}$$

Dato l'operatore *backward*, definito da:

$$B^j X_t = X_{t-j} \quad j \in \mathbb{N}$$

Il processo può essere così indicato:

$$X_t = (1 - \Theta_1 B - \ldots - \Theta_q B^q) A_t$$

o in forma compatta da:

$$X_t = \Theta(B) A_t$$

dove

$$\Theta(B) = 1 - \Theta_1 B - \ldots - \Theta_q B^q$$

viene definito polinomio caratteristico del modello a media mobile.
Dato che le variabili aleatorie A_t hanno valore medio nullo, il valore atteso del processo è nullo:

$$E(X_t) = 0$$

Le autocovarianze sono date da:

$$\gamma_k = \left(-\Theta_k + \Theta_1 \Theta_{k-1} + \Theta_2 \Theta_{k-2} + \cdots + \Theta_q \Theta_{k-q}\right) \sigma_A^2$$

$$k = 1, 2, \ldots, q$$

$$\gamma_k = 0 \quad k > q$$

e quindi la varianza del processo risulta pari a

$$\gamma_0 = (1 + \Theta_1^2 + \Theta_2^2 + \ldots + \Theta_q^2) \sigma_A^2$$

Da tali relazioni si evince quindi che il processo a media mobile è sempre stazionario.

Per quanto concerne invece l'invertibilità, essa è legata alle radici dell'equazione caratteristica $\Theta(B) = 0$, le quali devono essere in modulo maggiori di uno, ovvero esterne al cerchio di raggio unitario:

$$\begin{cases} \Theta B_i = 0 \\ |B_i| > 1 \end{cases} \quad i = 1, ..., q$$

L'autocorrelazione è espressa dalla seguente relazione:

$$\rho_k = \frac{-\Theta_k + \Theta_1\Theta_{k-1} + ... + \Theta_q\Theta_{k-q}}{1 + \Theta_1^2 + \Theta_2^2 + ... + \Theta_q^2} \quad k = 1, ..., q$$

$$\rho_k = 0 \quad k > q$$

Da ciò si evince che il correlogramma è formato da q termini.

3.5.1 Il modello MA(1)

Il processo a media mobile di ordine 1, $X_t \sim MA(1)$, è dato da:

$$X_t = A_t - \Theta A_{t-1}$$

La varianza del processo è espressa da:

$$\gamma_0 = (1 + \Theta^2)\sigma_A^2$$

mentre l'autocovarianza è determinata da:

$$\gamma_1 = -\Theta\sigma_A^2$$

$$\gamma_k = 0 \quad k > 1$$

L'autocorrelazione è invece data da:

$$\rho_1 = \frac{-\Theta}{1 + \Theta^2}$$

$$\rho_k = 0 \quad k > 1$$

Il correlogramma del processo MA(1) è quindi costituito da una sola ordinata positiva o negativa, a seconda del segno di Θ.
Le autocorrelazioni parziali sono date da:

$$\pi_k = \frac{-\Theta^k(1 - \Theta^2)}{1 - \Theta^{2(k+1)}} \quad k = 1,2, \ldots$$

Il modello MA(1) è quindi caratterizzato da coefficienti di autocorrelazione che si smorzano in maniera esponenziale, anche con oscillazioni di segno.
Per quanto concerne il problema dell'invertibilità, si consideri il seguente esempio:

$$X_t \sim MA(1), \quad X_t' \sim MA(1)$$

$$X_t = A_t - \Theta A_{t-1}$$

$$X_t' = A_t - \frac{1}{\Theta} A_{t-1}$$

I due coefficienti di autocorrelazione sono dati da:

$$\rho_1(X_t) = \frac{-\Theta}{1 + \Theta^2}$$

$$\rho_1(X_t') = \frac{-1/\Theta}{1 + 1/\Theta^2} = \rho_1(X_t)$$

E' quindi un esempio di molteplicità dei modelli. Il problema viene superato esprimendo i processi tramite le variabili casuali del passato:

$$A_t = X_t - \Theta X_{t-1} + \Theta^2 X_{t-2} -\ldots$$

$$A'_t = X'_t - 1/\Theta X'_{t-1} + 1/\Theta^2 X'_{t-2} -\ldots$$

ovvero

$$A_t = (1 - \Theta B + \Theta^2 B^2 -\ldots)X_t$$

$$A'_t = (1 - 1/\Theta B + 1/\Theta^2 B^2 -\ldots)X'_t$$

Per $|\Theta| < 1$ la prima serie converge mentre la seconda diverge. Ovvero, per $|\Theta| < 1$ il processo MA(1)   è invertibile.

3.6 Il modello Autoregressivo

Un processo autoregressivo di ordine p, indicato con AR(p), è così espresso:

$$X_t = \phi_1 X_{t-1} + \phi_2 X_{t-2} +\ldots+\phi_p X_{t-p} + A_t$$

Esso rappresenta una somma ponderata dei valori passati di X_t con l'aggiunta di un processo *White Noise*.

La relazione è anche esprimibile come

$$X_t - \phi_1 X_{t-1} - \phi_2 X_{t-2} -\ldots-\phi_p X_{t-p} = A_t$$

Ovvero, tramite l'operatore *backward*, come

$$(1 - \phi_1 B - \phi_2 B^2 -\ldots-\phi_p B^p)X_t = A_t$$

in forma sintetica, $\phi(B)X_t = A_t$

I processi AR(p) generalmente non sono stazionari, visto che la media è funzione del tempo:

$$E(X_t) = \phi_1 E(X_{t-1}) + \ldots + \phi_p E(X_{t-p})$$

Se il processo è stazionario risulta

$$E(X_t) = E(X_{t-1}) = \ldots = E(X_{t-p})$$

e quindi $E(X_t) = 0$.
Il processo autoregressivo è stazionario se le radici dell'equazione caratteristica sono in modulo maggiori dell'unità:

$$\begin{cases} \phi_i B_i = 0 \\ |B_i| > 1 \end{cases} \quad i = 1, \ldots, p$$

La varianza e le autocovarianze di un processo autoregressivo stazionario sono determinate da:

$$\gamma_0 = \phi_1 \gamma_1 + \phi_2 \gamma_2 + \ldots + \phi_p \gamma_p + \sigma_A^2$$

$$\gamma_k = \phi_1 \gamma_{k-1} + \phi_2 \gamma_{k-2} + \ldots + \phi_p \gamma_{k-p} \quad k = 1, \ldots, p$$

Per i valori di γ_j, $j > p$, si ricorre ancora alla stessa relazione (equazione di Yule-Walker).
L'autocorrelazione di un processo AR(p) stazionario è invece data da:

$$\rho_k = \phi_1 \rho_{k-1} + \phi_2 \rho_{k-2} + \ldots + \phi_p \rho_{k-p} \quad k = 1,2, \ldots$$

Da essa si desume che il correlogramma è formato da infiniti termini (contrariamente alla correlazione parziale, costituita

da p termini), i quali possono tendere a zero in maniera monotonica o con oscillazioni, a seconda del valore dei parametri.
Per quanto riguarda invece l'invertibilità, non viene richiesta nessuna condizione ai parametri.

3.6.1 *Il modello AR(1)*

Il processo autoregressivo di ordine 1, è così indicato:

$$X_t = \phi_1 X_{t-1} + A_t$$

Affinchè il processo sia stazionario occorre che sia verificata la seguente disuguaglianza:

$$|\phi_1| < 1$$

Il valore atteso del processo è nullo mentre la varianza è data da:

$$\gamma_0 = \frac{\sigma_A^2}{1 - \phi_1^2}$$

L'autocovarianza si determina attraverso la seguente relazione:

$$\gamma_k = \gamma_0 \phi_1^k \quad k = 1,2, \ldots$$

mentre le autocorrelazioni sono date da:

$$\rho_k = \phi_1^k \quad k = 1,2, \ldots$$

3.7 Il modello autoregressivo a media mobile

Il processo autoregressivo di ordine p con media mobile di ordine q, è rappresentato dalla seguente relazione:

$$X_t - \phi_1 X_{t-1} - \phi_2 X_{t-2} - \ldots - \phi_p X_{t-p} =$$

$$= A_t - \Theta_1 A_{t-1} - \Theta_2 A_{t-2} - \ldots - \Theta_q A_{t-q}$$

o in forma compatta da:

$$\phi(B)X_t = \Theta(B)A_t$$

considerato l'operatore autoregressivo

$$\phi(B) = 1 - \phi_1 B - \phi_2 B^2 - \ldots - \phi_p B^p$$

e quello a media mobile

$$\Theta(B) = 1 - \Theta_1 B - \ldots - \Theta_q B^q$$

La stazionarietà del modello ARMA(p, q) è legata alle radici dell'equazione caratteristica della parte autoregressiva del modello. Data l'equazione

$$\phi(B) = 0$$

e considerando B come incognita, la stazionarietà del processo si ha quando le radici dell'equazione sono in modulo maggiori di uno.

La condizione di invertibilità del modello è invece legata all'equazione caratteristica della parte media mobile del modello. Considerata l'equazione

$$\Theta(B) = 0$$

l'invertibilità si ha quando le radici dell'equazione sono in modulo maggiori dell'unità.
Se il modello è completo, ovvero se include anche una costante δ, il valore atteso risulta:

$$E(X_t) = \delta + \phi_1 E(X_{t-1}) + \ldots + \phi_p E(X_{t-p}) +$$

$$+ E(A_t) - \Theta_1 E(A_{t-1}) - \ldots - \Theta_q E(A_{t-q})$$

da cui

$$E(X_t) = \frac{\delta}{1 - \phi_1 - \phi_2 - \ldots - \phi_p}$$

Le autocovarianze del modello sono date da:

$$\gamma_k = \phi_1 \gamma_{k-1} + \ldots + \phi_p \gamma_{k-p} + \gamma_{XA}(k) -$$

$$- \Theta_1 \gamma_{XA}(k-1) - \ldots - \Theta_q \gamma_{XA}(k-q) \quad k < q$$

$$\gamma_k = \phi_1 \gamma_{k-1} + \ldots + \phi_p \gamma_{k-p} \quad k \geq q+1$$

ove

$$\gamma_{XA}(k) = E[(X_{t-k} - \overline{X})(A_t - \overline{A})]$$

La varianza è determinata da:

$$\gamma_0 = \phi_1 \gamma_1 + \ldots + \phi_p \gamma_p + \sigma_A^2 - \Theta_1 \gamma_{XA}(-1) - \ldots - \Theta_q \gamma_{XA}(-q)$$

mentre l'autocorrelazione è data da

$$\rho_k = \phi_1 \rho_{k-1} + \ldots + \phi_p \rho_{k-p} \quad k \geq q+1$$

3.7.1 Il modello ARMA(1,1)

Un processo misto di tipo ARMA(1,1), è rappresentato dalle seguente relazione:

$$X_t - \phi_1 X_{t-1} = A_t - \Theta_1 A_{t-1}$$

La condizione di stazionarietà è la medesima del modello AR(1):

$$|\phi_1| < 1$$

mentre quella di invertibilità è corrispondente a quella del processo MA(1):

$$|\Theta_1| < 1$$

Se il modello è completo, ovvero sotto la forma

$$X_t - \phi_1 X_{t-1} = \delta + A_t - \Theta_1 A_{t-1}$$

il valore atteso del processo è dato da:

$$E(X_t) = \frac{\delta}{1 - \phi_1}$$

Le autocovarianze risultano

$$\gamma_1 = \frac{(1 - \phi_1 \Theta_1)(\phi_1 - \Theta_1)}{1 - \phi_1^2} \sigma_A^2$$

$$\gamma_k = \phi_1 \gamma_{k-1} \quad k > 1$$

La varianza è espressa dalla seguente relazione:

$$\gamma_0 = \frac{1 - 2\phi_1\gamma_1 + \Theta_1^2}{1 - \phi_1^2}\sigma_A^2$$

L'autocorrelazione segue rapportando γ_k a γ_0. Per $k > 2$ vale

$$\rho_k = \phi_1\rho_{k-1}$$

L'andamento della funzione di autocorrelazione totale è di tipo smorzato esponenziale - con segni uguali o alternati a seconda del segno di ϕ_1 - mentre quella parziale parte dal valore ρ_1 e si smorza in maniera monotonica con alternanze di segno.

3.8 La procedura di Box e Jenkins

Il metodo di Box e Jenkins permette di costruire, a partire dall'osservazione dei dati, un modello ARMA volto ad approssimare il processo generatore della serie temporale. La procedura si distingue nelle seguenti fasi:

1. Identificazione del modello
2. Stima del modello
3. Controllo diagnostico

La fase di identificazione è volta alla specificazione dell'ordine del modello (parametri p e q), sulla base dell'andamento delle funzioni di autocorrelazione globale e parziali. Se nel correlogramma empirico le autocorrelazioni globali sono diverse da zero solo per i primi q ritardi e le autocorrelazioni parziali si smorzano in modo esponenziale allora ci si trova in presenza di un processo MA(q). Nel caso in cui, invece, le autocorrelazioni globali tendono a zero in maniera esponenziale e le autocorrelazioni parziali sono diverse da zero solo per i primi p ritardi, si ha a che fare con un processo AR(p). Spesso comunque non ci si trova in situazioni ideali di questo tipo e ciò si riflette nella valutazione di modelli misti. A rendere difficile la scelta del modello può contribuire la non stazionarietà. Una serie storica in cui è presente una non stazionarietà è trasformabile in una di tipo stazionario considerando un adeguato numero di differenze successive. Si dice che X_t è un processo autoregressivo integrato a media mobile di ordine (p, d, q), e lo si indica con ARIMA(p, d, q), se:

$$Y_t = \Delta^d X_t = (1 - L)^d X_t$$

Y_t processo ARMA(p, q) stazionario.
Una volta identificato il tipo di modello, occorre individuare il numero di parametri necessari, ossia l'ordine dei parametri. A tal fine si possono considerare dei criteri che attribuiscono un "costo" all'introduzione di ogni parametro addizionale, come quelli di Akaike (AIC) e Schwarz. Il numero di parametri scelti è quello che minimizza gli indici.

$$AIC(k) = -\frac{2}{n}\left(\log L(\hat{\delta}) - k\right)$$

ove

$k = n + 2$ è il numero di parametri del modello

$\hat{\delta} = (\hat{\phi}_1, ..., \hat{\phi}_p, \hat{\Theta}_1, ..., \hat{\Theta}_q, \sigma_A^2)$ è il vettore $(k \times 1)$ relativo ai parametri stimati

Individuato l'ordine dei parametri, si passa alla fase di stima attraverso metodi di massima verosimiglianza o dei minimi quadrati.
Il metodo di massima verosimiglianza consiste nel massimizzare una funzione di verosimiglianza definita in base alla probabilità di osservare una determinata realizzazione campionaria condizionatamente ai parametri da

stimare. Data una distribuzione di probabilità D con funzione di probabilità L_D caratterizzata da un parametro δ ed un campione di dati $\{x_1, ..., x_n\}$, la probabilità relativa ai dati osservati è espressa da:

$$Pr(\{x_1, ..., x_n\}) = L_D(x_1, ..., x_n | \delta)$$

Il metodo massimizza la verosimiglianza dei dati osservati sullo spazio dei valori possibili di δ. Lo stimatore di massima verosimiglianza è ottenuto come

$$\hat{\delta} = \max_\delta L_D(x_1, ..., x_n | \delta)$$

Nell'ultima fase della procedura viene effettuato un controllo sui residui $e_t = x_t - \hat{x}_t$ al fine di controllarne casualità e normalità. L'analisi consiste nel verificare se la funzione di autocorrelazione relativa alla serie storica dei residui è significativamente diversa da un processo *White Noise*. Poiché per tale processo la varianza è approssimativamente $1/n$ per ogni k, sotto l'ipotesi di normalità la zona di accettazione, al livello di significatività del 5% è data da:

$$\left[-\frac{1,96}{\sqrt{n}}, \frac{1,96}{\sqrt{n}} \right]$$

Laddove il controllo diagnostico non fosse soddisfacente, occorre ripetere iterativamente le diverse fasi. Quando il modello supera la fase di verifica, può essere utilizzato ai fini predittivi.

3.9 Previsione

Definiamo come previsore della variabile X_{t+k} una qualche funzione delle variabili contenute nel set informativo $\mathfrak{I}_t$. Si tratta di individuare una funzione misurabile $f(\Im_t)$ che renda minima, nell'insieme delle funzioni misurabili del passato del processo, la perdita quadratica:

$$E[X_{t+k} - f(\Im_t)]^2$$

Si dimostra che, sotto determinate ipotesi, il previsore ottimo è il valore atteso condizionato $E(X_{t+k}|\Im_t)$. Tali ipotesi sono:

- $\{A\}_{t\in T}\sim NID(0, \sigma_A^2)$
- Il modello è correttamente specificato ed i parametri sono noti
- $\Im_t = (X_t, X_{t-1}, X_{t-2}, ..., X_0, X_{-1}, ...)$

Per ciò che concerne le variabili $\{A\}_{t\in T}$, l'assunzione di indipendenza e distribuzione identica in forma normale con media nulla e varianza costante garantisce che il previsore ottimo sia funzione lineare delle variabili in $\Im_t$ e rende possibile il calcolo degli intervalli di confidenza. La corretta conoscenza dei parametri e delle infinite variabili passate appaiono invece poco realistiche, visto che i parametri vengono stimati e che le osservazioni passate sono in numero finito. Tuttavia se n è sufficientemente ampio rispetto al numero dei parametri da stimare e le stime sono state ottenute con un metodo efficiente, le seguenti relazioni consentono di ottenere un'approssimazione del previsore ottimo:

$$E(X_{t+k}|\Im_t) = X_{t+k} \quad k \leq 0$$

$$E(X_{t+k}|\Im_t) = X_{t+k}^* \quad k > 0$$

X_{t+k}^* previsione di X_{t+k} dato $\Im_t$

e

$$E(A_{t+k}|\mathfrak{I}_t) = X_{t+k} - X^*_{t+k} \quad k \leq 0$$

$$E(A_{t+k}|\mathfrak{I}_t) = 0 \quad k > 0$$

La quantità $e_{t+k} = X_{t+k} - X^*_{t+k}$ rappresenta l'errore di previsione il cui valore atteso è pari a zero. Per i modelli ARIMA si ha:

$$\lim_{k \to \infty} E(X_{t+k}|\mathfrak{I}_t) = E(X_t)$$

$$\lim_{k \to \infty} Var(e_{t+k}) = Var(X_t)$$

3.9.1 *Previsione per i modelli a media mobile*

Per un processo a media mobile di ordine q, di cui si conosce la storia sino al tempo t, la previsione ad un orizzonte è data da:

$$E(X_{t+1}|\mathfrak{I}_t) = E(A_{t+1} - \Theta_1 A_t - \Theta_2 A_{t-1} -$$

$$-\ldots -\Theta_q A_{t-q+1}|\mathfrak{I}_t) = -\Theta_1 A_t - \ldots -\Theta_q A_{t-q+1}$$

mentre la varianza dell'errore di previsione è espressa da:

$$E[X_{t+1} - E(X_{t+1}|\mathfrak{I}_t)]^2 = E(A^2_{t+1}) = \sigma^2_A$$

La previsione a due orizzonti è invece fornita da:

$$E(X_{t+2}|\mathfrak{I}_t) = E(A_{t+2} - \Theta_1 A_{t+1} - \Theta_2 A_t -$$

$$-\ldots -\Theta_q A_{t-q+2}|\mathfrak{I}_t) = -\Theta_2 A_t - \ldots -\Theta_q A_{t-q+2}$$

con varianza dell'errore di previsione pari a:

$$Var(A_{t+2} - \Theta_1 A_{t+1}) = \sigma_A^2(1 + \Theta_1^2)$$

In generale, la previsione a k orizzonti è data da:

$$E(X_{t+k}|\Im_t) = -\Theta_k A_t - \ldots - \Theta_q A_{t-q+k}$$

Per valori $k > q$ risulta $E(X_{t+k}|\Im_t) = 0$.

La varianza dell'errore di previsione è fornita da:

$$Var(A_{t+k} - \Theta_1 A_{t+k-1} - \Theta_2 A_{t+k-2} - \ldots -$$

$$-\Theta_{k-1} A_{t+1}) = \sigma_A^2(1 + \Theta_1^2 + \Theta_2^2 + \ldots + \Theta_{k-1}^2)$$

3.9.2 Previsione per i modelli autoregressivi

Nel caso di un processo autoregressivo di ordine p la previsione ad un orizzonte è fornita da:

$$E(X_{t+1}|\Im_t) = E(\phi_1 X_t + \ldots + \phi_p X_{t-p+1} +$$

$$+A_{t+1}|\Im_t) = \phi_1 X_t + \ldots + \phi_p X_{t-p+1}$$

La previsione a due orizzonti è pari a:

$$E(X_{t+2}|\Im_t) = E(\phi_1 X_{t+1} + \ldots + \phi_p X_{t-p+2} +$$

$$+A_{t+2}|\Im_t) = \phi_1 E(X_{t+1}|\Im_t) + \phi_2 X_t + \ldots +$$

$$\phi_p X_{t-p+2}$$

In generale, la previsione a k orizzonti sarà:

$$E(X_{t+k}|\Im_t) = E(\phi_1 X_{t+k-1} + \ldots + \phi_p X_{t+k-p} +$$

$$+A_{t+k}|\mathfrak{I}_t) = \phi_1 E(X_{t+k-1}|\mathfrak{I}_t)+\ldots+$$

$$+\phi_p E\left(X_{t+k-p}|\mathfrak{I}_t\right)$$

La varianza dell'errore di previsione può essere ottenuta dalla varianza dell'errore di previsione di un processo MA(∞).

Previsione della domanda per analogia

4.1 Limiti dei modelli di sales forecasting

I limiti di impiego dei modelli di *time series forecasting* nell'ambito del *loyalty marketing* derivano essenzialmente dal ciclo di vita breve dei prodotti, ovvero dalla breve durata del programma fedeltà: la durata dei cataloghi, come già detto, è generalmente annuale mentre, nel caso delle *minicollection*, la durata media è di due mesi.

Occorrono un numero di osservazioni sufficienti al fine di identificare regolarità nella serie storica, senza contare che determinati test inferenziali di verifica delle ipotesi necessitano di un numero di osservazioni sufficientemente ampio.

Diversi autori si sono occupati di metodologie e tecniche previsionali per prodotti a ciclo di vita breve o nuovi prodotti: Fisher e Raman (1996, 1999), Green e Armstrong (2007) basandosi su metodi euristici e con l'ausilio di un *team* di esperti, Burruss e Kuettner (2002) mediante previsione per analogia, prima che la domanda venga realizzata. In questo capitolo verrà considerato il modello basato su analogia descritto da Szozda (2010). Dati i valori iniziali di domanda di un dato prodotto , vengono stimati i valori futuri delle vendite mediante l'analogia con altri prodotti, scegliendo il prodotto con più alta similarità in termini di risultati di vendita.

La misura di similarità tra funzioni, volte ad esprimere l'andamento della domanda, è quella descritta da Cieślak e Jasiński (1979) ed è illustrata nel successivo paragrafo.

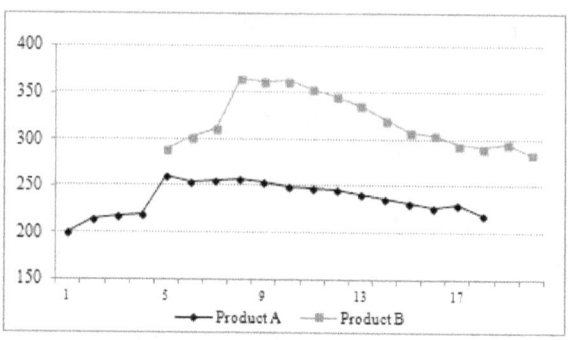

Fig.20 – Ciclo di vita dei prodotti A e B

4.2 Misura di similarità tra funzioni

La misura di similarità utilizzata è applicabile nelle seguenti condizioni:

- Funzioni f e g date

- Dato il range di osservazione delle funzioni f e g, espresso da [a, b] e [c, d], risulta

$$b - a = d - c$$

- Nel range [a, b] vengono osservati i valori

$$a \leq a_1 \leq \cdots \leq a_n \leq b$$

mentre nel range [c, d] vengono osservati i valori

$$c \leq c_1 \leq \cdots \leq c_n \leq d$$

- Si considerino le coppie di segmenti tra i punti

$$\{a_i, f(a_i)\}, \{a_i + 1, f(a_i + 1)\}$$

e

$$\{c_i, g(c_i)\}, \{c_i + 1, g(c_i + 1)\}$$

L'angolo dato dai due segmenti viene indicato con α_i.

Si consideri la seguente funzione:

$$m_i = \begin{cases} 1 - \dfrac{2}{\pi}\alpha_i & f, g \text{ stessa monotonicità} \\[2mm] -\dfrac{\alpha_i}{\pi} & f, g \text{ differente monotonicità} \end{cases}$$

Una misura di similarità tra le funzioni f e g è data da

$$m = \frac{1}{n}\sum_{i=1}^{n} m_i$$

Si dimostra che $-1 < m \leq 1$.
Valori positivi della misura esprimono che entrambi le serie hanno simile inclinazione (crescente o descrescente), valori negativi, l'opposto.
La misura dell'angolo α_i può essere determinata utilizzando una delle seguenti formule:

$$\cos \alpha_i =$$

$$= \frac{(a_{i+1}-a_i)(c_{i+1}-c_i)}{\sqrt{((a_{i+1}-a_i)^2+(f(a_{i+1})-f(a_i))^2)}\sqrt{((c_{i+1}-c_i)^2+(g(c_{i+1})-g(c_i))^2)}} +$$

$$+ \frac{(f(a_{i+1})-f(a_i))(g(c_{i+1})-g(c_i))}{\sqrt{((a_{i+1}-a_i)^2+(f(a_{i+1})-f(a_i))^2)}\sqrt{((c_{i+1}-c_i)^2+(g(c_{i+1})-g(c_i))^2)}}$$

oppure

$$tg\,\alpha_i = \frac{\left(\dfrac{f(a_{i+1}) - f(a_i)}{a_{i+1} - a_i}\right) - \left(\dfrac{g(c_{i+1}) - g(c_i)}{c_{i+1} - c_i}\right)}{1 + \left(\dfrac{f(a_{i+1}) - f(a_i)}{a_{i+1} - a_i}\right)\left(\dfrac{g(c_{i+1}) - g(c_i)}{c_{i+1} - c_i}\right)}$$

4.3 Modello previsionale per analogia prodotti

Siano dati i valori di domanda dei prodotti $A(a_1, ..., a_{n+k})$ e $C(c_1, ..., c_k)$.
Si considerino i dati di A e C relativi ai primi k istanti temporali. La serie di domanda del prodotto A $(a_1, ..., a_k)$ viene trasformata nella serie V $(v_1, ..., v_k)$:

$$v_i = w_k a_i \qquad i = 1, ..., k$$

$$w_k > 0$$

Tale calibrazione consente di rendere comparabili i volumi della domanda.

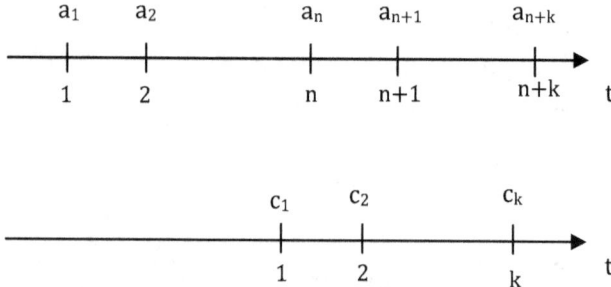

Fig.21 – Valori di domanda dei prodotti A e C

La similarità tra la domanda del prodotto A e C viene calcolata mediante la seguente funzione:

$$f_k = \frac{d_k^{(e)}}{m_k}$$

ove

m_k è la misura di similarità definita nel precedente paragrafo.

$d_k^{(e)}$ è la distanza euclidea data da:

$$d_k^{(e)} = \frac{\sum_{i=2}^{k} \sqrt{(c_{i-1} - v_{i-1})^2 + (c_i - v_i)^2}}{k - 1}$$

Si determinano i coefficienti w_k^* tali che:

$$f_k \to min$$

I coefficienti calcolati w_k^* vengono utilizzati per determinare la stima della domanda del prodotto C per i periodi $k + 1, ..., k + n$:

$$p_{k+i} = \hat{v}_{k+i} = w_k^* a_{k+i} \qquad i = 1, ... n$$

Oltre alla calibrazione, ovvero alla variazione dei volumi da confrontare, il modello prevede anche un (eventuale) ulteriore step volto alla trasformazione temporale. Se si considera ad esempio un nuovo prodotto, l'incremento delle vendite può essere temporalmente più o meno rapido rispetto ad un prodotto introdotto precedentemente sul mercato. Tale trasformazione viene illustrata mediante il seguente esempio:

a. $\delta < 1$ (δ frazione dell'unita temporale)

Dato il parametro $\delta = 0,75$, dai valori di domanda v_1, v_2, v_3 derivano le seguenti:

$$e_1 = 0,75 v_1$$

$$e_2 = 0,25v_1 + 0,5v_2$$

$$e_3 = 0,5v_2 + 0,25v_3$$

$$e_4 = 0,75v_3$$

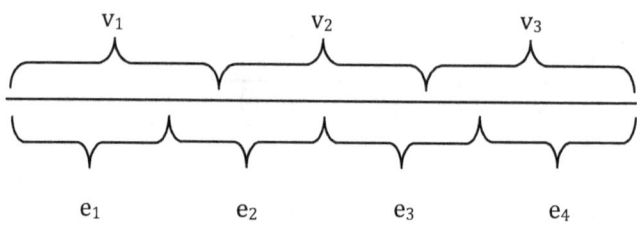

Fig.22 – estensione della serie di domanda

b. $\delta > 1$ (δ fattore moltiplicativo dell'unita temporale)

Siano dati i valori di domanda $v_1, ..., v_5$ e il parametro $\delta = 1,25$. La trasformazione dei valori di domanda è data da:

$$e_1 = v_1 + 0,25v_2$$

$$e_2 = 0,75v_2 + 0,5v_3$$

$$e_3 = 0,5v_3 + 0,75v_4$$

$$e_4 = 0,25v_4 + v_5$$

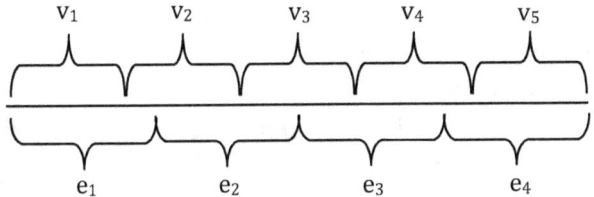

Fig.23 – riduzione della serie di domanda

Considerati i valori di domanda $E(e_1, ..., e_k)$ e $C(c_1, ..., c_k)$, si determinano i coefficienti δ_k^* tali che:

$$f_k \rightarrow \min$$

Data la trasformazione della serie di domanda $(v_1, ..., v_{k+n})$ nella serie $(e_1, ..., e_{k+n})$, mediante il parametro δ_k^*, la previsione relativa al prodotto C è determinata da:

$$p_{k+i} = e_{k+i} \qquad i = 1, ..., n$$

4.3.1 *Loyalty case*

Di seguito si riporta un esempio di applicazione del modello per analogia descritto nel paragrafo precedente nel contesto *loyalty*, per la previsione delle richieste premio legate ad una *minicollection* (applicabile anche per le iniziative di tipo *long collection*) . L'analogia, nell'ambito dei programmi di fidelizzazione, non va ricercata esclusivamente nel *cluster* dei prodotti confrontabili per funzionalità e caratteristiche tecniche; potrebbero delinearsi similitudini di *redemption* tra prodotti appartenenti a differenti categorie merceologiche ma comparabile posizionamento in termini di *spending* del consumatore o fascia di punteggio.

Il modello, nell'esempio indicato, è utilizzato considerando per i diversi istanti temporali di riferimento, i volumi cumulati della domanda.
Si consideri una *minicollection* (della durata di otto settimane) nell'ambito di una data insegna della grande distribuzione organizzata, con due soli premi per il consumatore:

Premio 1: Macina pepe

Premio 2: Macina sale

A fronte di una prefissata spesa presso i punti vendita coinvolti nell'iniziativa, il consumatore riceve un bollino (punto). Con un dato numero di bollini (che ipotizziamo essere n_1 per il macina pepe e n_2 per il macina sale) e l'aggiunta di un dato contributo monetario, il consumatore riceve il premio prescelto.
Si supponga di voler prevedere il numero di macina pepe e macina sale che verranno richiesti nell'intera operazione a premi.
Mediante analisi dello storico del *database fidelity* e di informazioni derivanti da *loyalty card* viene stimato, in prima approssimazione, l'ammontare dei punti che verrà redento nell'iniziativa di fidelizzazione ($\widehat{P}$), la quota dei punti spesi per ciascun premio e quindi i quantitativi richiesti (stima iniziale di progetto).
A distanza di quattro settimane dall'avvio dell'iniziativa, viene effettuato un monitoraggio delle richieste. Si consideri l'incidenza cumulata dei punti spesi per il premio i nel periodo k, data da:

$$Q_{i,k} = \frac{\sum_k P_{i,k}}{\sum_k P_k}$$

$P_{i,k}$ punti redenti per il premio i nel periodo k

P_k punti spesi globali nel periodo k

Periodo di riferimento k considerato: due settimane

L'incidenza cumulata dei punti spesi per il macina pepe è indicata in tab. 12, insieme ai valori relativi a un prodotto con il quale si ipotizza una similitudine (premio *driver*).

Il coefficiente w_k^*, in corrispondenza del valore minimo della funzione $f_k = d_k^{(e)} / m_k$ risulta pari a 0,75.

La stima dell'incidenza cumulata dei punti spesi per il macina pepe nel periodo k + 2 = 4 (otto settimane) è data da

$$\hat{v}_{k+2} = w_k^* \cdot a_{k+2} \cdot 100 =$$

$$= 0,75 \cdot 58\% \cdot 100 = 43,49\%$$

Quindi, i punti redenti previsti per il macina pepe, nell'intera iniziativa di fidelizzazione - supponendo di riconfermare la stima $\hat{P}$ definita nella fase progettuale - risultano pari a

$$\hat{P}_{1,t} = \sum_{k=1}^{4} \hat{P}_{1,k} = \hat{Q}_{1,4} \cdot \sum_{k=1}^{4} \hat{P}_k = 43,49\% \cdot \hat{P}$$

mentre i quantitativi previsti sono dati da

$$\hat{R}_{1,t} = \hat{P}_{1,t}/n_1$$

Di conseguenza, la stima dei punti redenti per il macina sale sarà pari a:

$$\hat{P}_{2,t} = \sum_{k=1}^{4} \hat{P}_{2,k} = \hat{P} - \hat{P}_1$$

e quindi il numero di articoli previsti dati da

$$\widehat{R}_{2,t} = \widehat{P}_{2,t}/n_2$$

k	N. settimane	Macina pepe	Premio driver
1	2	35,1%	47,2%
2	4	40,3%	53,4%
3	6		56,1%
4	8		58%

Tab. 12 – Incidenza cumulata punti redenti

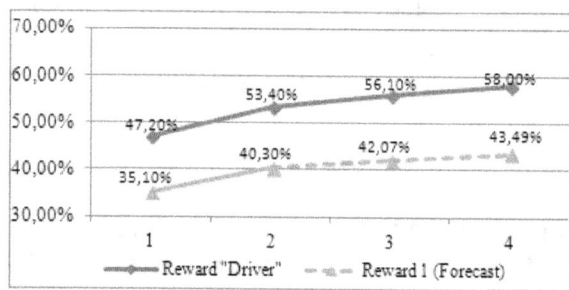

Fig.24 – Stima incidenza cumulata punti redenti macina pepe

Bibliografia

Akaike H. (1974), "A new look at the statistical model identification", *IEEE Transactions on Automatic Control*, 19, 6, pp. 716–723

Borra S., Di Ciaccio A. (2008), *Statistica: metodologie per le scienze economiche e sociali*, McGraw-Hill, Milano

Bottinelli L. (2004), "La nascita e lo sviluppo del marketing relazionale", Quaderno di ricerca n.5, Facoltà di Economia, Università di Pavia

Box, G.E.P., Jenkins, G.M. (1976), *Time series analysis: Forecasting and control*, Holden-Day, San Francisco

Burruss J., Kuettner, D. (2002), "Forecasting for short-lived product: Hewlett-packard's journey", *The Journal of Business Forecasting Methods & Systems*, 21, pp. 9–14

Butscher S.A. (2002), *Customer Loyalty Programmes and Clubs*, Gower, Aldershot

Carlucci F. "Lezioni di analisi econometrica", Dipartimento di Economia e Diritto, Sapienza Università di Roma. <http://www.dipecodir.it/>, 2012

Carnà P. "Modelli autoregressivi e carte di controllo EWMA: effetto della correzione della stima dei parametri", Tesi di Laurea, A.A. 2008/2009, Corso di laurea Specialistica in Statistica e Informatica, Facoltà di Scienze Statistiche, Università degli Studi di Padova

Cedrola E., Memmo S. (2007), "Loyalty marketing e carte fedeltà: i risultati di una ricerca empirica", in *Atti del IV Congresso della Società Italiana di Marketing – Il Marketing dei Talenti*, Roma, 5-6 ottobre

Centra M. "La previsione dei consumi elettrici: un'applicazione al settore del trasporto ferroviario", Dottorato di ricerca in Economia dei

Mercati Monetari e Finanziari Internazionali, XXI Ciclo, Sapienza Università di Roma

Chiapparino F., Covino R. (2002), *Consumi e industria alimentare in Italia dall'Unità a oggi*, Giada, Perugia

Cieślak M., Jasiński R. (1979), "Miara podobieństwa funkcji", *Przegląd Statystyczny*, 3/4, pp. 169-173

Claps P. "Serie storiche, processi e modelli stocastici per l'idrologia e la gestione delle risorse idriche", Appunti per il Corso di III livello "Simulazione Stocastica di serie idrologiche a supporto della pianificazione e gestione dei sistemi idrici", Politecnico di Torino, Novembre 2002, <http://www.idrologia.polito.it/~claps.>, 2012

Deighton J. (2004), "Nectar: Making Loyalty Pay", Harvard Business School Publishing

Fisher M.L., Raman A. (1996), "Reducing the cost of demand uncertainty through accurate response to early sales", *Operations Research*, 44,1, pp. 87–99

Fisher M.L., Raman A. (1999), "Managing short life-cycle products", *Ascet*, 1, 4/15

Green, K.C., Armstrong, F.S. (2007), "Structured analogies for forecasting", *International Journal of Forecasting*, 23,3, pp. 365–376

Guarini R., Tassinari F. (2000), *Statistica Economica*, Il Mulino, Bologna

Luati A. "Previsioni da modelli ARIMA", appunti delle lezioni, 2010, Facoltà di Scienze Statistiche, Università di Bologna. <http://www2.stat.unibo.it/luati>, 2012

Lugli G, Ziliani C. (2004), *Micromarketing. Creare valore con le informazioni di cliente*, UTET, Torino

Manaresi A. (2001), *I programmi fedeltà. Creare vantaggio competitivo nel marketing dei beni di consumo*, Angeli, Milano

Mentzer J.T., Moon M.A.(2005), *Sales Forecasting Management: A Demand Management Approach*, Sage, Thousand Oaks, CA

Milanato D. (2008), *Demand planning. Processi, metodologie e modelli matematici per la gestione della domanda commerciale*, Springer Verlag, Milano

Piccolo D. (2004), *Statistica per le decisioni*, Il Mulino, Bologna

Pisani S. "Analisi moderna delle serie storiche relative ai consumi irrigui nell'agro di Foggia", Tesi di laurea in Statistica Economica, A.A. 2004-2005, Corso di laurea in Scienze Statistiche ed Economiche, Facoltà di Economia, Università degli Studi di Bari

Pittau M.G., Zelli R. "Analisi esplorativa delle serie storiche", appunti delle lezioni di Statistica Economica II, A.A. 2008-2009, Facoltà di Scienze Statistiche, Sapienza Università di Roma. <http://www.statecon.comxa.com>, 2011

Rizzi A. (1992), *Inferenza Statistica*, UTET, Torino

Szozda N. (2010), "Analogous Forecasting of Products with a Short Life Cycle", *Decision Making in Manufacturing and Services*, 4, 1-2, pp. 71-85

Woolf B. (2002), *Loyalty Marketing. The Second Act*, Edizioni Cres, Roma

Ziliani C. (2008), *Loyalty marketing. Creare valore attraverso le relazioni*, EGEA, Milano

Ziliani C. (2011), "Lo scenario internazionale del loyalty marketing", *intervento al XI convegno "Il Futuro del Micromarketing"*, Università di Parma, 21 ottobre

Rapporti di ricerca

Nielsen (2011), *Il retail in Italia*

Colloquy (2011), *The Billion Member March : The 2011 COLLOQUY Loyalty Census*

Sitografia

http://www.partnership4loyalty.com

http://www.promotionmagazine.it

http:// www.mymarketing.net

http://www.robjhyndman.com/TSDL/sales